U0378791

玩转 Arduino 电子制作

吴汉清　编著

机 械 工 业 出 版 社

本书主要介绍了 Arduino 的相关知识，书中包含 20 余个 Arduino 应用实例，用手把手的教学方式帮读者学会这些实例的编程和制作方法。通过这些实例的制作读者既学会了 Arduino 的函数和各种模块的使用方法，也能制作出所需要的实用作品，此外，在制作的过程中，读者还能掌握电子电路的基本知识，学会电路制作和调试的基本技能，进而逐步提高了自己的编程能力。认真学完本书内容，不知不觉中读者就会发现自己已经是一个 Arduino 高手，能够举一反三并开发出自己的项目了。

本书随书附赠的光盘中提供所有项目的源代码和相关资料，保证每一个项目的可行性。

图书在版编目（CIP）数据

玩转 Arduino 电子制作/吴汉清编著. —北京：机械工业出版社，2016.6
（2023.9 重印）
ISBN 978-7-111-54027-4

Ⅰ.①玩… Ⅱ.①吴… Ⅲ.①电子产品-制作 Ⅳ.①TN05

中国版本图书馆 CIP 数据核字（2016）第 131779 号

机械工业出版社（北京市百万庄大街 22 号 邮政编码 100037）
策划编辑：尚 晨 责任编辑：尚 晨
责任校对：张艳霞 责任印制：孙 炜
北京中科印刷有限公司印刷
2023 年 9 月第 1 版·第 4 次印刷
184mm×260mm·18 印张·443 千字
标准书号：ISBN 978-7-111-54027-4
　　　　　ISBN 978-7-89386-061-4（光盘）
定价：49.00 元（含 1CD）

凡购本书，如有缺页、倒页、脱页，由本社发行部调换
电话服务　　　　　　　　　　　　网络服务
服务咨询热线：(010)88361066　　机 工 官 网：www.cmpbook.com
读者购书热线：(010)68326294　　机 工 官 博：weibo.com/cmp1952
　　　　　　　(010)88379203　　教育服务网：www.cmpedu.com
封面无防伪标均为盗版　　　　　金 书 网：www.golden-book.com

前　　言

Arduino 是目前较为流行的电子互动平台，它基于单片机系统开发，具有使用简单、功能多样、价格低廉等优点，可应用于电子系统设计和互动产品开发领域。Arduino 包含硬件（各种型号的 Arduino 板）和软件（Arduino IDE）两部分，适用于爱好者、艺术家、设计师和对于"互动"有兴趣的人，现在有不少中、小学已开展了使用 Arduino 的创新制作活动。

市面上有关 Arduino 的书很多，但偏向实用制作的不多，且所涉及到的项目都比较简单，难度没有梯度，比较完整、吸引人的实例作品较少。针对这一问题，作者根据自己学习 Arduino 的经验和体会，结合多年来自己制作作品的经历，编写了本书，希望对相关爱好者有所帮助。

学习程序设计的人往往对硬件电路不太熟悉，动手能力差，想做一些智能作品，但力不从心；电子爱好者想提升自己的水平，制作一些单片机作品，但往往在单片机编程方面遇到了难题。本书试图解决这两类人员在学习中遇到的问题，提升他们软、硬件整合的能力。对于电子爱好者来说，有了学习 Arduino 的基础，也为以后学习单片机铺平了道路。

本书内容通俗易懂，深入浅出，理论与实践相结合，每个知识点都辅以实例。书中设置了 10 个简单的实验（第 4 章）和 10 个综合性的实例（第 5 章～第 14 章），书中绝大部分实例都是作者的原创作品。

本书实例从易到难，在介绍 Arduino 最小系统板制作时就介绍了电子制作的一些基本知识。在讲 Arduino 资源应用时结合相关函数把制作又提升了一步，这一阶段的制作相对来说比较简单，有一定的实用价值，但主要还是为了配合函数知识的学习，知识和实践相辅相成。第 2 篇介绍的综合性的实例难度有了提升，这部分实例的安排同时兼顾考虑了各种模块的使用，每个作品作者都经过实际制作和测试，保证资料完整无误，读者按照书本提供的方法和资源都能够制作成功。

本书各章主要内容如下：

第 1 篇　基础篇

第 1 章　Arduino 快速入门

主要介绍 Arduino 平台及其构建，说明为什么要学习使用 Arduino，它与单片机的关系，Arduino 控制板的主要型号。讲解 Arduino 编程、编译、下载、运行的整个过程。

第 2 章　学电子制作从自制 Arduino 控制板开始

讲解电子制作的基础知识，以制作 Arduino 最小控制板为例介绍电子制作的过程。

第 3 章　Arduino 程序设计

讲解程序流程图，Arduino 程序的基本结构和语言基础。

第 4 章　Arduino 资源应用

主要介绍常用函数的使用，结合实验进行讲解。

第 2 篇 制作篇

结合实例制作讲解扩展库和模块的知识和使用方法。

第 5 章 红外遥控电源插座

介绍红外接收扩展库和红外接收模块。遥控器采用 Arduino 专用的遥控器或普通的家电遥控器（如电视机遥控器），遥控接收器装在电源插座内。

第 6 章 太阳能光伏电池系统控制器

讲解舵机的基本知识，控制器的功能包括太阳能光伏电池板方位角调整和自动充电控制两部分，用舵机调整方位角。

第 7 章 蓝牙遥控小车

介绍蓝牙模块和蓝牙扩展库，小车使用手机蓝牙遥控。

第 8 章 数控直流稳压电源

介绍 EEPROM 扩展库，数控稳压电源输出电位范围：3 ~ 12 V，LED 数码管显示输出电压，设置电压值掉电记忆。

第 9 章 定时摄影控制器

讲解液晶屏扩展库和 LCD1602 液晶屏基础知识。定时摄影控制器即定时摄影快门线，作延时摄影用，可设置拍摄次数和间隔时间等参数，参数用 LCD1602 液晶屏显示。

第 10 章 用 TEA5767 制作 FM 收音机

介绍 IIC 总线和 TEA5767 的相关知识，FM 收音机使用按键搜索电台，用 LCD1602 液晶屏显示电台频率等参数。

第 11 章 脉搏监测仪

介绍使用 U8g 库驱动液晶屏的方法，脉搏监测仪用 LCD12864 液晶屏显示脉搏曲线和心率。

第 12 章 数字示波器

介绍了一款简单的数字示波器的使用方法，示波器使用 LCD12864 液晶屏显示输入信号的波形、频率、电压峰峰值等。

第 13 章 运用物联网实现远程电源开关控制

讲解 W5100 网络扩展模块的使用方法，如何通过计算机或手机远程控制家里电器的开关。

第 14 章 运用物联网实现远程温湿度监测

讲解 DTH11 库和 DTH11 温湿度传感器的使用方法，将温湿度参数上传至物联网，通过计算机或手机即可查看。本实例可作为一个模板，更换传感器，修改程序即可传递其他环境参数。

由于作者水平所限，本书难免有错误和疏漏之处，欢迎专家和读者批评指正，作者的电子邮箱：ntwuhq@163.com，也欢迎访问作者的新浪博客（http://blog.sina.com.cn/ntwhq）进行交流。

编者

目　　录

第1篇
基 础 篇

第1章

Arduino 快速入门

Arduino 是 2005 年开发的一个基于开放源代码的平台，这个平台由硬件和软件两部分组成，这两部分均是开源的。硬件是一块具有简单输入、输出（I/O）功能的可编程控制器（各种型号的 Arduino 电路板）；软件是装在计算机上的集成开发环境（Arduino IDE）。Arduino 电路板通过 USB 连接线和计算机上的 Arduino IDE 进行通信。用户只要在 IDE 中编写程序代码，将程序下载到 Arduino 电路板后，Arduino 电路板就会执行程序所规定的操作了。

1.1 初识 Arduino

1.1.1 从一个实例了解 Arduino

Arduino 就像一台小计算机，可以实现交互功能，它既可以连接输入设备，如开关和各种传感器；又可以连接输出设备，如指示灯、继电器、电动机、显示屏、喇叭等电子装置和器材。那么它和普通电子电路（纯硬件电子电路）有什么不同呢？又具有什么优势呢？下面通过一个最简单的例子让读者对 Arduino 有一个初步的认识。

图 1-1 所示是用开关控制发光二极管（LED）点亮的电路，当按键 S 按下时电路形成通路，LED 发光，松开后 LED 就熄灭了。如果想在松开开关后 LED 保持继续发光，就必须换一个带自锁装置的开关，换了这种开关后按一下 LED 点亮，再按一下 LED 熄灭。由此可以看见：普通的电子电路一种电路就一种功能，要想改变功能就必须改变电路或改变元器件的规格和参数。

下面我们用 Arduino 来实现相同的功能，电路连接如图 1-2 所示。图中 Arduino 的引脚 2 作输入端，平时通过电阻 R_1 上拉输入高电平（5 V）；引脚 8 作输出端，通过电阻 R_2 驱动 LED。在没有写入程序前引脚 2 和引脚 8 没有任何关联，按下开关后 LED 状态没有任何改变，因为它们没有物理上的连接关系。这时候的 Arduino 就像一台没有安装任何软件的计算机，不知道自己要干什么。

如果在计算机上的 Arduino IDE 中输入下列程序：

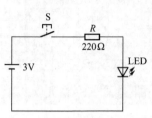

图 1-1　用开关控制发光二极管

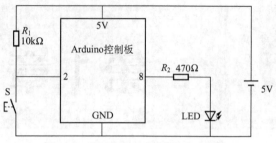

图 1-2　用 Arduino 控制发光二极管

```
void setup()
{
    pinMode(2,INPUT);              //设置引脚2为输入端口
    pinMode(8,OUTPUT);            //设置引脚8为输出端口
}

void loop()
{
    if(digitalRead(2) == LOW)     //如果2脚为低电平,即开关S按下
        digitalWrite(8,HIGH);     //8脚输出高电平,LED 点亮
    else                          //否则2脚为高电平,即开关S松开
        digitalWrite(8,LOW);      //8脚输出低电平,LED 熄灭
}
```

再将程序下载到 Arduino 控制器中,用户就会发现它能像图 1-1 一样控制 LED 的状态了。因为我们输入的程序告诉 Arduino:将 2 脚设置为输入引脚,将 8 脚设置为输出引脚。当 2 脚输入低电平时让 8 脚输出高电平,LED 点亮,反之输出低电平,LED 熄灭。因为这时候程序已经写入 Arduino,它已经记住了用户让它干什么,因此即使断开它和计算机的 USB 连接,只要再给它接上一个 5 V 电源(比如接上手机充电器),它仍能正常工作。

既然 Arduino 能够按照我们的指令工作,那么我们能不能告诉 Arduino:按一下开关 S, LED 点亮;再按一下 S, LED 熄灭呢?即按一次就能保持一种状态不变,这只要改变程序就能实现,对应程序代码如下:

```
boolean ledState = false;        //开关状态变量,取 false 为关,取 true 为开
void setup()
    {
                                 //定义针脚模式
    pinMode(2,INPUT);
    pinMode(8,OUTPUT);
    }
void loop()
{
    if(digitalRead(2) == LOW)
        {
        ledState = ~ledState;    //按一次开关 S 变量 ledState 就改变一下状态
        if(ledState == true)     //根据变量 ledState 的状态确定 LED 是点亮还是熄灭
```

```
              digitalWrite(8,HIGH);
        else
              digitalWrite(8,LOW);
        while(digitalRead(2) ==LOW);        //等待松开开关 S
    }
}
```

　　下载程序后发现功能正如我们所料。比较前面两个程序用户会发现第二个程序比第一个多了一个变量 int ledState 来记忆开关的状态，以代替普通电路中开关的自锁装置，也就是说一个硬件功能用软件来实现了。

　　下面我们再改变一下程序，告诉 Arduino：按一下开关 S，点亮 LED 30 s 再熄灭，就像我们常见的楼道灯。这只要对第一段程序代码作简单的修改即可。

　　程序代码如下：

```
    void setup()
    {
      pinMode(2,INPUT);
      pinMode(8,OUTPUT);
    }
    void loop() {
      if(digitalRead(2) ==LOW)        //如果 2 脚为低电平
        digitalWrite(8,HIGH);         //LED 点亮
      delay(30000);                   //延时 30000 ms，即 30 s
        digitalWrite(8,LOW);          //LED 熄灭
    }
```

　　如果我们需要，还可以编出好多程序来，如让 LED 慢慢由暗到亮，这对夜里开灯很有好处，可避免对眼睛的刺激。

　　通过这个例子可以发现 Arduino 硬件要通过软件才能实现用户所需要的功能，就像计算机只有装了软件才能使用一样。通过编写程序一个电路可以有一千种变化，这正是它的魅力所在。通过本书的学习，读者会发现好多传统电路的功能都可以用软件来实现，而且能够完成传统电路所不能实现的功能，使电子制作变得更加灵活多样。

1.1.2　Arduino 与单片机

　　上面的例子应该会让读者感觉到 Arduino 很神奇，想急于了解 Arduino 控制器的基本结构，并且想知道它为什么这么流行。

　　以 Arduino 最常用的控制器 Arduino UNO 为例，它的核心部件是一块 AVR 单片机（MCU）ATmega328，控制器上附加的外围电路和功能模块，主要作用是为电路板提供电源、实现和计算机通信、下载程序等。Arduino UNO 的电路如图 1-3 所示，要看懂这个电路图对初学者来说太困难了，但看不懂这个电路图对我们的学习并没有什么影响，因为我们使用它时并不需要知道它的内部结构，只是和外围接口打交道，所以以后在电路中往往用图 1-4 所示 Arduino UNO 框图来表示。

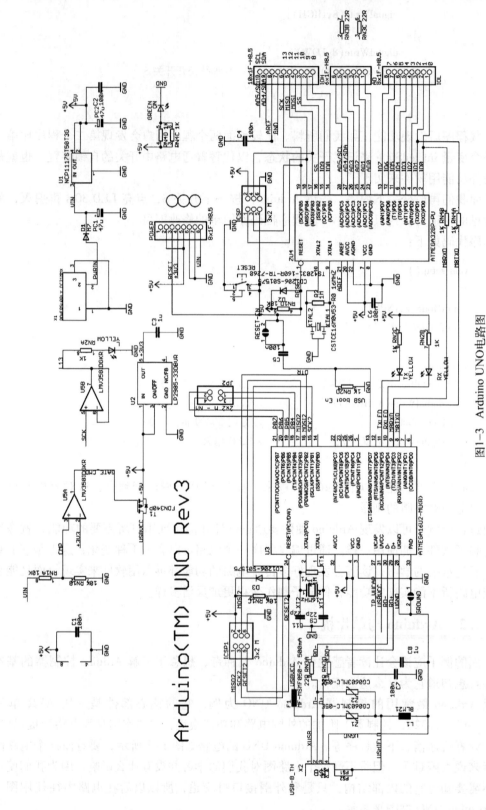

图1-3　Arduino UNO电路图

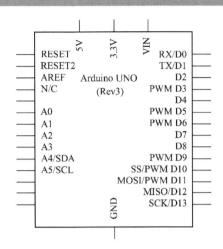

图 1-4　Arduino UNO 框图

单片机 ATmega328 的最小系统电路如图 1-5 所示，这个电路接上电源后单片机就可以运行了。看到这里读者可能会想：这个电路比 Arduino UNO 的电路简单多了，为什么还要用 Arduino UNO 呢？这得从单片机的内部结构和内部资源说起。

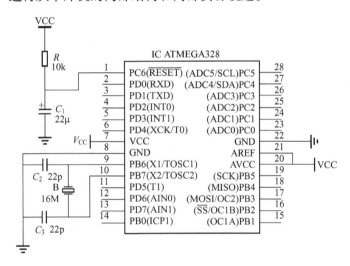

图 1-5　ATmega328 最小系统电路

单片机 ATmega328 是一种超大规模集成电路芯片，在一块芯片上构成小而完善的微型计算机系统。其内部具有中央处理器 CPU，存储器有 flash 程序存储器、随机存储器 SRAM、可擦除存储器 EEPROM，还有多种 I/O 接口、中断系统、定时器/计数器、A - D 转换器等功能电路。

要直接用单片机来开发项目，必须对单片机的内部硬件资源结构比较熟悉，要学会使用单片机各种寄存器，这对业余电子爱好者来说有一定的困难。以本节开始时讲的第一个例子为例，如果用单片机 C 语言编程，程序代码（使用 GCCAVR 软件）如下：

```
#include < avr/io. h >
void main( )
```

```
    {
        DDRD |= (1 << PD5);
        DDRD & = ~(1 << PD2);
        while(1)
        {
            if(PIND&(1 << PD2) ==0)
                PORTD |= (1 << PD5);
            else
                PORTD & = ~(1 << PD5)
        }
    }
```

上面这段简短的程序就涉及到单片机数字端口 D（对应 8 个引脚）的三个寄存器：数据寄存器 PORTD、数据方向寄存器 DDRD、端口输入引脚寄存器 PIND。即使对 Arduino 编程不熟悉，读者也会感觉这个程序比前面的 Arduino 程序难理解多了，前面的程序只要懂一点英文单词、懂一点 C 语言就能看懂了，而看这一段程序就像看天书。这段程序只涉及了一个端口对应的 3 个寄存器，ATmega328 有 60 多个各种各样的寄存器，用单片机编程必须熟悉这些寄存器的功能和设置方法，这对一个初学者来说是很困难的。那么为什么用 Arduino 编程就不用知道这些寄存器呢？这是因为 Arduino IDE 已经把这些寄存器封装到它的核心库中了，在这个例子中我们只要告诉它哪个引脚作输入引脚，哪个引脚作输出引脚，在编译时它就会自动去设置相关寄存器的值，不用我们去操心。

因为 Arduino IDE 核心库是对 GCCAVR 的二次封装，因此程序运行效率会略有降低，但这几乎没有什么问题，因为我们开发的大部分项目对实时性要求并不高。如果碰到对效率极苛求的项目，也可以在 Arduino 程序中直接对寄存器进行设置，因为 Arduino 兼容 GCCAVR，本书第 12 章介绍的"数字示波器"实例中为了提高信号的取样率就是这么做的。

总结一下，使用 Arduino 作为开发平台有下列优势：

1. 易用性

学习 Arduino 不需要了解单片机内部硬件资源结构和寄存器设置，只需知道它的端口的作用即可。Arduino 的开发环境软件也非常简单，软件语言指令较少，而且可读性很强，稍懂一点 C 语言就可用编写程序。

2. 开放性

Arduino 的硬件电路和软件开发环境都是完全开源的，在不从事商业用途的情况下任何人都可以使用、修改和分发它。这样不但能深入的了解软件底层的机理，更好地理解 Arduino 的电路原理，也可以根据自己的需要去修改它，或者将自己的扩展电路与主控制电路设计到一起。Arduino IDE 还预留了非常友好的第三方库开发接口，便于爱好者可以开发自己的库文件。

3. 交流性

交流与展示非常能够激发初学者学习热情。Arduino 已经划定了一个比较统一的框架，一些底层的初始化采用统一的方法，对数字信号和模拟信号使用的端口也做了自己的标定，非常有利于初学者进行电路或程序的交流。很多人在成功地实现自己的设计后，会把自己的硬件和程序拿出来与大家分享。用户可以在 Arduino 社区轻松找到自己想要使用的一些基本功能模块，找到一些 I/O 设备在 Arduino 下的使用库，这极大地方便了 Arduino 的开发者，使用户可以不必拘泥于一些基本功能的编写，而可以把自己的精力更多地放在自己想要的功能设计中去。

4. 成本低

相对其他开发板，Arduino 及周边产品相对价格较低，一块 Arduino UNO 的价格在 20 元左右，学习或创作成本很低。另外烧录代码不需要编程器，直接用 USB 数据线就可以完成下载。如果用户刚开始学习编程，或者没有编程基础又很想做一些电子产品时，Arduino 是很好的一个选择。

1.2　Arduino 控制器主要类型

Arduino 自 2005 年问世发展至令，已出现了很多型号，其官方网站（www. arduino. cc）上所展示的标准型号就有 21 种之多，还有好多衍生控制器。作为刚接触 Arduino 的爱好者如何选择一款适合自己的控制器来学习，会感觉比较迷茫。下面介绍几款比较常用并有代表性的控制器，使大家对各种型号的控制器的参数、相关资源和使用方法有一个初步的了解，这样就可以根据自己的知识水平、开发项目的要求选择一个合适的型号。

常用 Arduino 控制器主要参数见表 1-1。

表 1-1　常用 Arduino 控制器主要参数

主要参数＼型号	UNO	Nano	Pro Mini	Mega2560	Leonardo
MCU	ATmega328	ATmega328	ATmega328	ATmega2560	ATmega32u4
工作电压	5 V	5 V	3. 3 V/5 V	5 V	5 V
输入电压	7 ~ 12 V	7 ~ 12 V	3. 35 ~ 12 V(3. 3 V) 5 ~ 12 V(5 V)	7 ~ 12 V	7 ~ 12 V
数字 I/O 引脚	14	14	14	54	20
模拟输入引脚	6	8	8	16	12
PWM	6	6	6	15	7
每个 I/O 口输出电流	40 mA	40 mA	40 mA	40 mA	40 mA
3. 3 V 端口输出电流	50 mA			50 mA	50 mA
Flash	32 KB(其中 bootloader 占 0. 5 KB)	32 KB(其中 bootloader 占 2 KB)	32 KB(其中 bootloader 占 2 KB)	256 KB(其中 bootloader 占 8 KB)	32 KB(其中 bootloader 占 4 KB)
SRAM	2 KB	2 KB	2 KB	8 KB	2. 5 KB
EEPROM	1 KB	1 KB	1 KB	4 KB	1 KB
USB 芯片	ATmega16u2	FT232RL		ATmega16u2	ATmega16u2
时钟速率	16 MHz	16 MHz	8 MHz/16 MHz	16 MHz	16 MHz

1.2.1　Arduino UNO

Arduino UNO 的最新版本是 UNO R3 版，它是 Arduino 系列主流产品，其应用范围比较广，市场流行的 Arduino 学习套件大部分均以它作为核心控制器，UNO R3 的微控制器是 ATmega328，用写入代码的单片机 ATmega16u2 作 USB 串口（串行端口）转换器，其引脚结构如图 1-7 所示。它有 14 个数字输入/输出引脚（其中引脚 PD3、PD5、PD6、PB3、PB2 和 PB1 可作为 PWM 输出），6 个（PC0～PC5）模拟输入，一个 16 MHz 晶体振荡器，一个 USB 连接口，一个电源插座，一个 ICSP 扩展接口，一个复位按钮。在 AREF 旁边有两个引脚 SDA 和 SCL，用于 TWI（兼容 I²C）接口。

ATmega328 芯片是从最初 Arduino 用的 ATmega8 发展过来的，ATmega8、ATmega168、ATmega328 是同一系列的产品，它们的封装一样，引脚相互兼容，主要区别是 Flash 程序存储器的大小不一样，分别为 8 KB、16 KB、32 KB。

Arduino UNO R3 控制器的结构如图 1-6 所示，控制器引脚和单片机引脚的关系如图 1-7 所示。

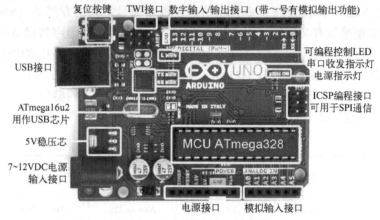

图 1-6　Arduino UNO R3 控制器

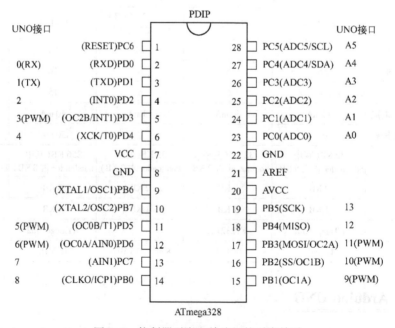

图 1-7　控制器引脚和单片机的引脚关系

Arduino UNO 上的单片机 ATmega328 和 ATmega16u2 的工作电压均为 5 V，控制器的供电方式主要有三种：

第一种方式是通过电源插座接口输入电压为 7～12 V 的直流电源，如图 1-8 所示，经电路板上 5 V 稳压集成块稳压后获得 5 V 工作电压。

第二种方式是通过 USB 接口提供直流电源，与计算机通信、下载程序时就是这种方式，在正常工作时也可以将 USB 线接在一个手机充电器上供电。

第三种方式是使用电源接口上的 V_{in} 接 7～12 V 的直流电源，电源正极接 V_{in}，负极接 GND（GND 表示地），用来代表电子电路中电位为 0 V 的点，并非真正的接大地。

有时候 Arduino 电路板也要为其外部设备提供电源，这样当外部设备工作电流不大时就没有必要另外配备电源了，可以直接接 Arduino 电路板上的 3.3 V 或 5 V 接口获取直流电源。其中 3.3 V 直流电压是由电路板上的 5 V 直流电压经 3.3 V 稳压集成块稳压后获得的，它能提供 50 mA 输出电流。

5 V 直流输出电压接自电路板上 5 V 工作电压，这个工作电压由电源输入插座或 V_{in} 输入的 7～12 V 电压经稳压后得到，或由 USB 接口获得，不管以那种方式获得，中间均经过电子器件的调整，因此其输出电流受到限制，以免造成这些器件的损坏，其最大输出电流约为 300 mA。

另外，5 V 直流电压输出接口也可以作为电路板 5 V 工作电压的输入接口，在这个接口和 GND 之间接上 5 V 直流电源电路板就可以正常工作了。图 1-9 所示就是用 4 节充电电池为 Arduino 电路板提供电源。

图 1-8　Arduino 接 7～12 V 直流电源

图 1-9　用 4 节充电电池供电

在表 1-1 中提到单个数字 I/O 接口原输出电流为 40 mA，那是 Arduino 官方给的极限值，使用时应取小于 25 mA 比较合适，同时总的电流也要受到限制，比如 14 个数字 I/O 接口每个都输出 25 mA 电流，则总电流就达到了 350 mA，这将导致单片机 ATmega328 发热量过大，容易损坏。因此对总电流也有限制，总电流不要超过 150 mA。

电路板上其他接口的功能在以后使用时再作介绍。

 ## 1.2.2　Arduino Nano

Arduino Nano 是 Arduino USB 接口的微型版本，如图 1-10 所示，其 USB 接口是 Mini - B

型插座。它的尺寸非常小，可以直接插在面包板上使用。其最新版本 Nano3.0 处理器是 ATmega328，采用 FT232RL 作 USB 芯片。Arduino Nano 具有 8 路模拟输入，其他参数和 Arduino UNO 基本一样。

图 1-10　Arduino Nano 控制器

Arduino Nano 没有设置电源插座，其供电方式主要是通过 Mini – B 型 USB 接口，或者通过 V_{in} 输入 7~12 V 的直流电压，也可以利用电路板的 5 V 端子接 5 V 直流电源进行供电。

1.2.3　Arduino Pro mini

Arduino Pro mini 是一个基于 ATmega328 的最简洁微型版本的控制器，如图 1-11 所示，它所有的外部引脚通孔没有焊接。这个控制器没有 USB 转串口的下载电路，因此下载程序需要借助于 USB 转串口的下载线。

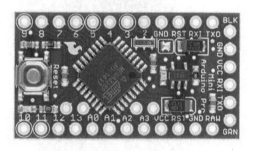

图 1-11　Arduino Pro mini 控制器

Arduino Pro mini 有两个版本：一个工作在 3.3 V、8 MHz 时钟下，另一个工作在 5 V、16 MHz 时钟下。

和 Arduino Pro mini 同一系列的还有一个型号为 Arduino mini，其引脚布局和 Arduino Pro mini 兼容。

1.2.4　Arduino MEGA2560

Arduino Mega 2560 是一个基于 ATmega2560 单片机的 Arduino 控制器，如图 1-12 所示。它的资源要比前面介绍的几个控制器丰富得多，在设计作品时如果对资源要求较多就要考虑使用它。它有 54 个数字量输入/输出引脚（其中 15 可作为 PWM 输出）、16 个模拟量输入、4 个 UART（硬件串行端口）、一个 16 MHz 的晶体振荡器、一个 USB 接口、电源插座、ICSP

扩展接口和一个复位按钮。

图 1-12　Arduino Mega 2560 控制器

1. 2. 5　Arduino Leonardo

Arduino Leonardo 是一个基于 atmega32u4 单片机的 Arduino 控制器，USB 接口采用 Micro USB 插座。如图 1-13 所示。

图 1-13　Arduino Leonardo 控制器

Leonardo 不同于之前的 Arduino 控制器，因为 atmega32u4 具有内置的 USB 通信功能，所以取消了电路板上的 USB 芯片，这使得 Leonardo 除了通过虚拟串行 COM 端口外，还可以模拟鼠标和键盘设备连接到计算机上。

除了上面介绍的 Arduino 控制器外，更多型号的控制器可到 Arduino 网站（www. arduino. cc）上查阅，这些控制器虽然型号不同，但都可以使用相同的编译环境，程序兼容性也很强，它们可适合不同的使用要求，为用户的创新提供了更广阔的空间。

1.3　构建 Arduino 集成开发环境

对于本章举的第一个实例，读者看到时肯定在想怎么把写好的程序输入（也就是我们常说的下载）到 Arduino 的单片机中呢？单片机和计算机一样，最终只认识数字 0 和 1，它是如何认识用户所写的程序的呢？在计算机上安装 Arduino IDE 就可以解决这些问题，用户可以利用它编写程序，它能将用户编写的程序自动编译成单片机能认识的由 0 和 1 组成的指令和数据文件，再通过 USB 连线写入单片机，这样 Arduino 就能按照用户所写的程序进行工作了。Arduino IDE 隐藏了复杂的编译过程，让用户能用最简单的方法控制单片机。

1.3.1 软件下载与安装

Arduino 的集成开发环境 Arduino IDE 采用 JAVA 语言编写，它可以在 http://www. arduino. cc/en/Main/Software 网址上免费下载，用户可以下载 Arduino 1.0.5 或 Arduino 1.0.6。本书的配套光盘里提供了 Arduino 1.0.6 的软件安装程序。

下面以 windows 7 操作系统为例介绍 Arduino IDE 的安装。

安装步骤：

1）双击"arduino – 1.0.5 – windows. exe"图标，出现如图 1-14 所示的对话框，单击"I Agree"按钮。

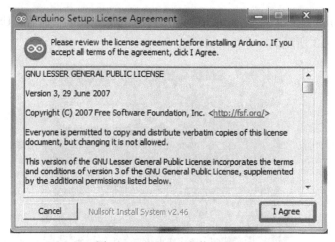

图 1-14　Arduino 安装界面 1

2）如图 1-15 所示，在弹出的对话框中单击"Next"按钮。

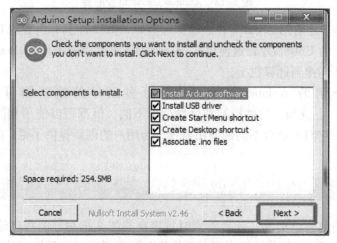

图 1-15　Arduino 安装界面 2

3）如图 1-16 所示，保持默认的安装路径，单击"Install"按钮。

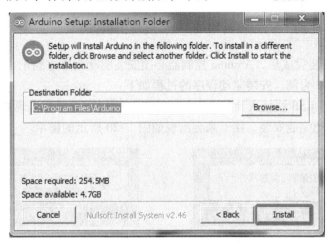

图 1-16　Arduino 安装界面 3

4）安装过程中会弹出图 1-17 所示的窗口，单击"始终安装此驱动程序软件"按钮。

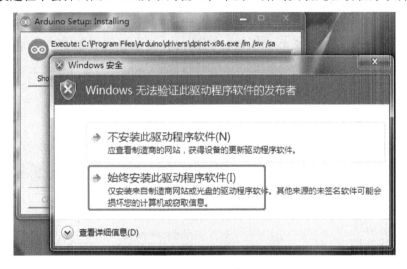

图 1-17　Arduino 安装界面 4

5）待安装结束后单击"Close"按钮关闭窗口，如图 1-18 所示。

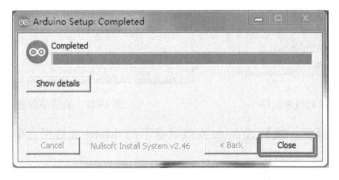

图 1-18　Arduino 安装界面 5

安装结束后在桌面上会增加一个 Arduino 的图标，双击它就可以打开程序了。

1.3.2　安装驱动

Arduino IDE 安装完成后，Arduino 控制器必须安装驱动程序才能正常使用。

以 Arduino UNO 为例，安装驱动程序的过程如下：

1）当控制器用 USB 线接入计算机后，计算机桌面的右下角会出现如图 1-19 所示气泡提示。如果没能自动完成安装，接下来会出现如图 1-20 所示的提示。

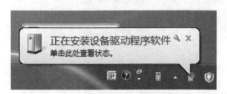

图 1-19　安装设备驱动程序提示

图 1-20　未能成功安装设备驱动程序提示

2）右击桌面上的计算机，选择"设备管理器"打开设备管理器窗口，这时会看到如图 1-21 所示的"未知设备"。

3）右击"未知设备"，在出现的快捷菜单中执行"更新驱动程序软件"命令。

4）在弹出的对话框中单击"浏览计算机以查找驱动程序软件"按钮，如图 1-22 所示。

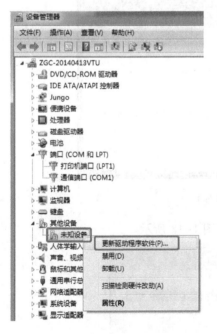

图 1-21　更新驱动程序软件

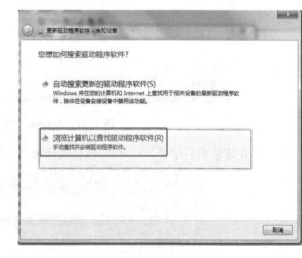

图 1-22　查找驱动程序软件

5）如图 1-23 所示，找到 Arduino 安装目录下的 drivers 文件夹，单击"下一步"按钮开始安装驱动程序。

6）安装完成会出现提示信息，如图 1-24 所示，关闭窗口。

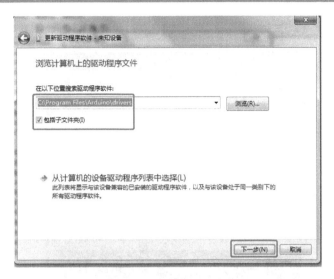

图 1-23　选择搜索路径

7）此时在设备管理器会看到 Arduino 所对应的 COM 口，如图 1-25 所示。这里为 COM2 口，请记住这个编号，它是 Arduino 与计算机通信的串口。

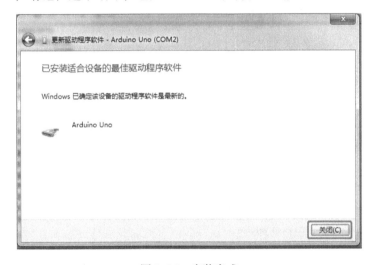

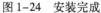

图 1-24　安装完成

图 1-25　Arduino 所
对应的 COM 口

1.3.3　Arduino IDE 功能介绍

启动 Arduino IDE，在启动画面等待数秒后即进入开发环境窗口，其各功能区域如图 1-26 所示。

先将软件设置为中文菜单，选择"File"→"Preferences"菜单项，弹出如图 1-27 所示的对话框，设置语言为"简体中文"，单击"OK"按钮完成设置。重新启动软件就会出现中文窗口。

工具栏上常用快捷键的功能说明见表 1-2。

图 1-26　Arduino IDE 窗口

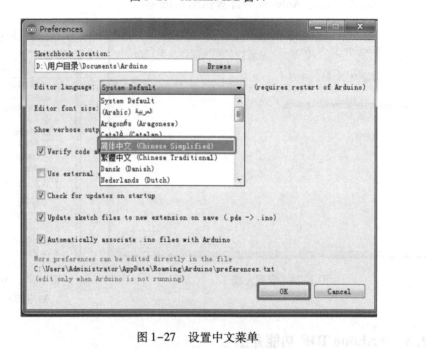

图 1-27　设置中文菜单

表 1-2　工具栏上常用快捷键的功能说明

快 捷 键	名 称	功 能
	校验	检查程序错误，如果出错会在调试提示区发出提示。校验的过程也是编译的过程，可以形成编译好的目标文件
	下载	包含了编译和向控制器写入编译好的目标程序两个过程，程序出错或控制器和计算机连接有问题时均会在调试提示区发出提示
	新建	新建一个项目，新建项目时 IDE 会打开一个新的窗口

（续）

快　捷　键	名　　称	功　　能
	打开	打开一个项目，打开的项目会在新的窗口中显示
	保存	保存项目，保存项目时自建一个和项目名称一样的文件夹，项目文件就在这个文件夹中
	串口监视器	IDE 自带的一个简单的串口监视器，用它可以查看 Arduino 和计算机通信时串口发送或接收的数据

1.3.4　第一个项目 – Blink

前面我们已经把 Arduino 的开发环境搭建好了，现在读者最感兴趣的是如何把一个程序下载到 Arduino 控制器中，让它运行起来。下面我们通过 Arduino IDE 自带的一个 Blink（闪烁）例程让读者熟悉一下整个操作流程，这个程序是通过 Arduino 控制器的 13 脚控制电路板上标注 L 的 LED。例程的程序读者现在可能还看不懂，但不要紧，我们留到后面再学。学完了这一部分读者就能掌握 Arduino 的基本使用方法了。

我们使用 Arduino UNO 控制器，具体过程如下：

（1）运行 Arduino1.0.5

通过程序项或桌面上的快捷图标打开 Arduino IDE。

（2）打开 Blink 例程

如图 1-28 所示，在菜单栏中选择"文件"→"示例"→"01.Basics"→"Blink"打开例程，这时在 Arduino IDE 的代码编辑区就可以看到例程的代码了。

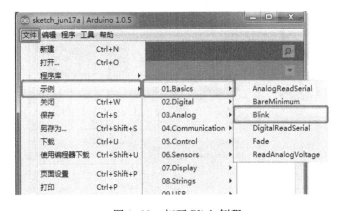

图 1-28　打开 Blink 例程

（3）选择 Arduino 控制器型号

在菜单栏"工具"→"板卡"菜单选项中选择你接在计算机上的控制器的型号，这里选择 Arduino UNO。此时选项 Arduino UNO 前会出现一个圆点，表示选中，如图 1-29 所示。

（4）选择串口

在"工具"→"串口"选择 Arduino 控制器对应的串口号，这就是安装 Arduino 控制器驱动程序时在设备管理器中显示的那个串口号，串口号表示方法是"COM"加数字编号，这里我们选择"COM2"，选择串口后在对应串口号前会出现一个勾，表示选中，如图 1-30 所示。注意串口列表中控制器对应的串口号只有当控制器接在计算机上的时候才出现，拔下

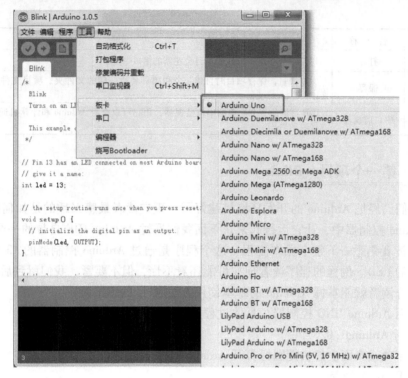

图 1-29　选择 Arduino 控制器型号

控制器这个串口号就消失了。

图 1-30　选择串口

（5）校验程序

单击工具上的校验按钮，IDE 会自动检验程序是否有错，如果没有错误，IDE 提示区会随着进程依次显示"编译程序中"和"编译完成"。如图 1-31 所示。如果程序出错，会提示出错信息并显示出错的位置。有时板卡选错了也会提示出错，比如用户选的板卡比要用的板卡的资源少就会出错。

图 1-31 校验程序

（6）下载程序到 Arduino 控制器

单击工具上的下载按钮，首先进行编译程序，在调试提示区会显示"编译程序中"，编译完后提示会变成"下载中"，这时用户会发现电路板上标注 RX 和 TX 的串口指示灯会快速闪烁，说明计算机在向 Arduino 控制器写入程序了，当调试提示区出现"下载完毕"时说明程序已经下载结束，如图 1-32 所示。

图 1-32 下载程序到 Arduino 控制器

这时 Arduino 控制器上标注 L 的 LED 就开始亮 1 s、熄 1 s 的闪烁了。

在下载程序时，如果板卡选错了、串口号选错了或者控制器没有连接计算机，在调试提示区均会提示出错。

图 1-32 中调试提示区中显示的"1,084 字节"是编译好的二进制目标程序的大小，"最大 32,265 字节"是当前接在计算机上的 Arduino 控制器的 Flash 程序存储器容量，目标程序的大小必须小于 Flash 程序存储器容量，不然就写不下了，会出错。

为了试试程序的控制作用，用户可以将程序代码中第二行"delay(1000);"中的 1000 改成 100，重新下载程序，运行后用户会发现 LED 闪烁得很快了。再将控制器从计算机上拔下来，接上一个独立的电源，这时控制器仍然能正常工作，证实程序已经真正写入。

第2章

学电子制作从自制 Arduino 控制板开始

通过第 1 章的学习我们已经对 Arduino 有了基本的了解，也学会了 Arduino IDE 的基本使用方法。这一章我们将学习自己做一个 Arduino 控制板，这样一来可以对电子制作的过程有所了解，掌握一些电子制作的基本技能；二来可以对 Arduino 有更深入的理解，为后面的学习奠定更好的基础。

在自制 Arduino 控制板之前，我们有必要先学习一点电子技术的基础知识，探讨所需要的工具和技巧。

2.1 常用电子元器件

2.1.1 电阻

电阻是一个物理量，表示导体对电流阻碍作用的大小，导体的电阻越大，表示导体对电流的阻碍作用越大。

电阻器是所有电子电路中使用最多的元件之一，我们习惯把电阻器称为电阻。电阻是一个限流元件，有两个引脚。电阻用 R 表示，在电路中，电阻的符号如图 2-1 所示。对信号来说，交流信号与直流信号都可以通过电阻。将电阻接在电路中后，电阻器的阻值是固定的，它可限制通过它所连支路的电流大小。阻值不能改变的电阻称为固定电阻，常用的固定电阻如图 2-2 所示。阻值可变的电阻称为电位器或可变电阻，如图 2-3 所示。

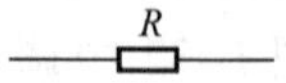

图 2-1　电阻的符号

电阻在电路中主要起限流、分压和分流的作用。

电阻都有一定的阻值，它代表这个电阻对电流流动阻挡力的大小。电阻的单位是欧姆，用符号"Ω"表示。欧姆是这样定义的：当在一个电阻的两端加上 1 V 的电压时，如果在这个电阻中有 1 A 的电流通过，则这个电阻的阻值为 1 欧姆（Ω）。除了欧姆外，电阻的单位还有千欧（kΩ）、兆欧（MΩ）等。电阻接在电路中时只要它两端加有电压就要消耗功率发热，因此电阻还是另外一个参数：额定功率，选用电阻要根据它在电路中的消耗功率来选择，否则消耗功率大的地方用了额定功率小的电阻就会造成电阻的烧毁。额定功率的单位是瓦（W），常用的电阻功率为 0.125 W 和 0.25 W。

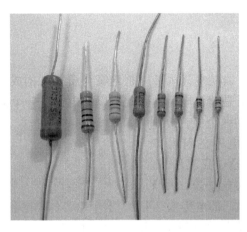

图 2-2　固定电阻

图 2-3　电位器

电阻常见的类型有碳膜电阻、金属膜电阻和线绕电阻。

电阻的标称阻值有两种标注方法：直标法和色标法，现在最常用的是色标法，用这种方式标注的电阻也称色环电阻。

色标法将不同颜色的色环涂在电阻器上来表示电阻的标称值及允许误差，色环电阻分四环和五环，其中四环色环电阻各种颜色所对应的数值见表 2-1。

表 2-1　色标法各种颜色对应的数值

颜　　色	第一环数字	第二环数字	第三环倍乘数	第四环误差
黑	0	0	10^0	
棕	1	1	10^1	
红	2	2	10^2	
橙	3	3	10^3	
黄	4	4	10^4	
绿	5	5	10^5	
蓝	6	6	10^6	
紫	7	7	10^7	
灰	8	8	10^8	
白	9	9	10^9	
金			10^{-1}	±5%
银			10^{-2}	±10%

色环的分布情况如图 2-4 所示。四个色环的其中第一、第二环分别代表阻值的前两位数；第三环代表倍率；第四环代表误差。例如一个色环电阻的色环从左到右依次为红、紫、棕、金，则这个电阻的电阻值为：2（红）7（紫）×10^1（棕）=270Ω，误差为 ±5%（金）。

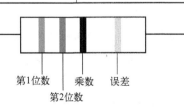

第1位数　乘数　误差
第2位数

图 2-4　电阻色环分布

对于五环色环电阻，第一、第二、第三环分别代表阻值的前三位数；第四环代表倍率；第五环代表误差。

2.1.2 电容

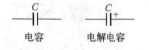

图 2-5 电容的符号

两个彼此绝缘、互相靠近的导体（中间可以是空气也可以是绝缘介质）就构成了一个电容器，通常叫做电容。电容的主要物理特征是储存电荷，因此可以说电容是一个储能元件，即储存电能。电容的两个导体叫作电容的两个极，分别用导线引出。电容用 C 表示，在电路中，电容的符号如图 2-5 所示。电容只能通过交流信号，不能通过直流信号。它的大小用电容量来衡量。电容量的基本单位是法拉（用 F 表示），一个电容器，如果带 1 C 的电量时两级间的电势差是 1 V，这个电容器的电容就是 1 F。法拉这个单位非常大，平时很少用到，还有较小的单位微法（μF）和皮法（pF），这三个单位的换算关系是：$1 F = 10^6 \mu F$，$1 \mu F = 10^6 pF$。电容还有一个参数称为直流工作电压，俗称电容的耐压，当加在电容两端的电压大于这个数值时，电容有可能击穿损坏。

电容也是电子电路使用很多的元件，它在电子电路中的作用为耦合、滤波、去耦、隔断直流电、旁路交流电、和电阻一起组成充放电回路、与电感一起构成 LC 振荡电路等。

电容也可以按其电容量是否可以改变分为固定电容和可变电容（包括微调电容）。若按制作材料划分也可分为空气电容、瓷介电容、薄膜电容、电解电容等，通常大容量的电容为电解电容，在同样的体积下，电解电容的容量可以做得很大。常见薄膜电容如图 2-6 所示。常见电解电容如图 2-7 所示。

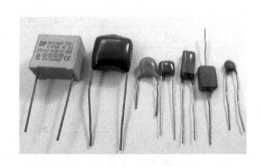

图 2-6 电容

图 2-7 电解电容

2.1.3 半导体器件

导电性介于良导电体与绝缘体之间材料称为半导体材料，这些半导体材料通常是硅、锗或砷化镓等，半导体材料的特殊电特性可以用来制造半导体器件。用硅或锗等半导体材料制成的电子元件有二极管、稳压管、发光二极管、变容二极管、光电管、晶体管、可控硅、光敏电阻、热敏电阻和各种集成电路等。

1. 二极管

二极管的基本结构是由一块 P 型半导体和一块 N 型半导体结合在一起形成一个 PN 结。

二极管具有单向导电性，其两端加上正向电压时电阻很小，接近短路导通，加上反向电压时电阻很大，接近开路截止。利用这个特性，可以把交流电变成脉动直流电，起到整流作用；利用这个特性，还可以把载有低频信号的调幅信号变成低频信号，起到检波作用。

二极管正向导通要有一定的起始电压，达到这个电压时二极管才开始导通，硅二极管的正向导通压降约为 0.6 V，锗二极管的正向导通压降约为 0.2 V。

二极管从用途来分，常见的有检波管、整流管、稳压管、开关管、光电管等。常见的二极管的外形如图 2-8 所示。二极管的一端有一个条状标志，这一端的引脚是负极，另一端是正极。

二极管用 VD 表示，在电路中的符号如图 2-9 所示。

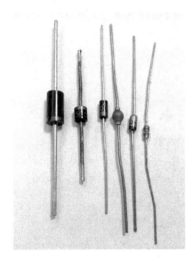

图 2-8　二极管

图 2-9　二极管符号

2. 发光二极管（LED）

发光二极管与普通二极管一样，是由一个 PN 结组成，也具有单向导电性。当给 LED 加上正向电压后，它就可以把电能转化成光能。所发出的光色有红、绿、黄、蓝、白等，还有发出红外线的 LED。LED 也有正极和负极，两个引脚中长一点的是正极，另一个是负极。常见的 LED 如图 2-10 所示。LED 的符号如图 2-11 所示。

图 2-10　常见的 LED

图 2-11　LED 符号

LED 的正向工作电压约为 2 V 左右，当加在它两端的电压大于正向工作电压时，电流就会急骤增加，很容易烧坏 LED，因此在使用时要串联一只电阻限流，电阻的大小可根据 LED 的工作电流大小和电源电压计算出来。

3. 晶体管

晶体管，也称双极型晶体管，是一种电流控制电流的半导体器件，其作用是把微弱电信号放大成幅度值较大的电信号，也用作无触点开关，是电子电路的核心元件。晶体管是在一块半导体基片上制作两个相距很近的 PN 结，两个 PN 结把整块半导体分成三部分，中间部分是基区，两侧部分是发射区和集电区，排列方式有 PNP 和 NPN 两种。晶体管用 VT 表示，它有三个电极，分别是发射极（e）、基极（b）、集电极（c），两个 PN 结分别叫发射结和集电结。晶体管外形如图 2-12 所示。以共集电极电路为例，PNP 型和 NPN 型晶体管在电路中的接法如图 2-13 所示。

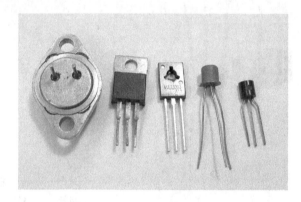

图 2-12　晶体管外形

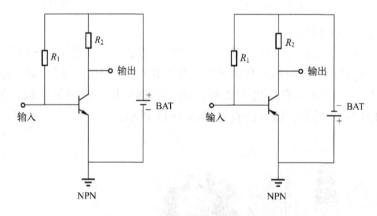

图 2-13　晶体管在电路中的接法

晶体管最重要的一个参数是电流放大系数 h_{EF}，它是集电极电流（I_c）和基极电流（I_b）的比值，数值一般在几十到几百之间，它反映了基极电流控制集电极电流的能力。例如基极输入 0.01 mA 的电流时集电极为 1 mA，我们可以算出晶体管的电流放大系数是 100。

4. 集成电路

把一个电路中所需的晶体管、电阻、电容等元件及布线互连在一起制作在同一块硅芯片上，称为集成电路，习惯上也称"芯片"。相对于集成电路，前面介绍的元器件称为分立元器件。集成电路的种类很多，单片机就是一个超大规模的集成电路。最常见的还有音频放大器、运算放大器、数字集成电路以及各种专用的集成电路等。

集成电路让生活变得更简单方便，如果没有集成电路就不可能有现在大家使用的手机。具有各种特殊或专用功能的集成电路也使电路设计变得更简单了，比如以前装一台收音机要用到很多的分立元器件，装配和调试也很复杂，现在有专门的收音机芯片，只要在外围增加少量的元器件就能组装一台收音机了，如手机和 MP3 播放器具有收音机的功能，用的就是这种类型的芯片。

集成电路用 IC 表示，一些常见集成电路的外形如图 2-14 所示。

图 2-14　集成电路

2.1.4　面包板与洞洞板

1. 面包板

在电子制作的过程中往往要先做电路试验，做试验搭建电路时一般需要焊接，比较麻烦。使用如图 2-15 所示的面包板可以不用焊接就能搭建电路，由于各种电子元器件可根据需要随意插入或拔出，不用焊接，不但节省了时间，而且元件可以反复使用，节约了成本。

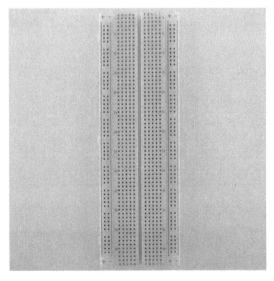

图 2-15　面包板

图 2-16 所示是常用的一种面包板的内部结构。对于中间的插孔，纵向的 5 个孔由一条金属簧片连通，横向不连通，因此插入这 5 个孔内的导线就被金属簧片连接在一起了；对于上下两边的横向插孔也用金属簧片连通，纵向不连通，这些横向插孔常用来接电源的正负极，为面包板上的元器件提供电源。插孔间距离、簧片间的距离及双列直插式集成电路引脚间的距离均为 2.54 mm。

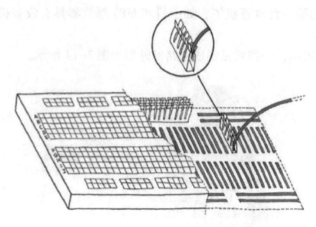

图 2-16　面包板内部结构

面包板上的连接导线使用单芯的绝缘导线，例如旧网线中的芯线。建议在买面包板时附带买一些带插头的面包板专用连线。

面板板的布线图可以使用软件 Fritzing 制作，本书中有关面包的插图就是使用这款软件制作的。Fritzing 的下载地址：http://fritzing.org/download/，可根据自己的操作系统类型选择适用的版本。Fritzing 是免安装的软件，解压缩后双击 Fritzing.exe 即可运行，软件打开后如图 2-17 所示，使用很简单，只要把右边元件库中选择的元件拖到面包板上即可进行布线，除了设计面包板布线图外，还能设计电路原理图和印刷电路板（PCB）图。

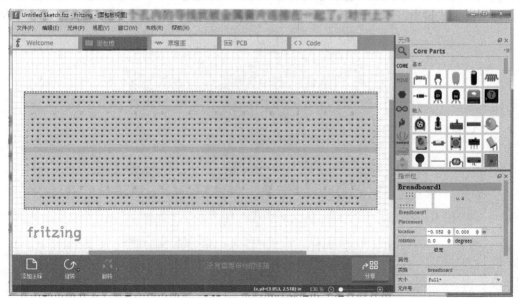

图 2-17　Fritzing 软件界面

2. 洞洞板

现在电子产品中的电路基本上都是印制电路板（PCB），我们平时制作电子作品时使用 PCB 会不方便，一是因为往往只做一件，没有必要用 PCB；二是因为在做的过程中可能还要修改电路，会导致 PCB 报废重做。比较方便的一种方法是使用洞洞板，洞洞板如图 2-18 所示。洞洞板也叫万用板，可理解为一种通用的 PCB 板，板上布满标准 IC 间距（2.54 mm）的圆型独立的焊盘，元器件安装焊接好了以后再用导线焊接连线。洞洞板具有成本低、使用方便、扩展灵活等特点。

图 2-18　洞洞板

洞洞板布线图可使用软件 LochMaster 制作，LochMaster 软件界面如图 2-19 所示。

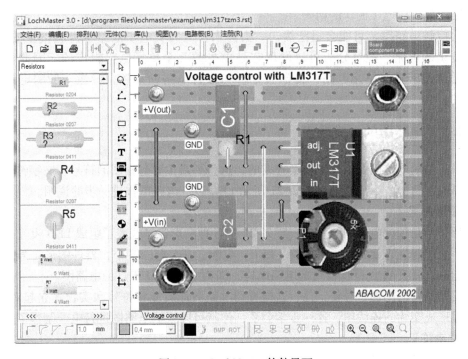

图 2-19　LochMaster 软件界面

2.2　怎么看电路图

要进行电子制作，首先要搞清楚要制作的项目中各元器件的电气连接情况，这就要用一张图纸来表示元器件是如何连接的，这就是电路图，也称为电路原理图。电路图的元器件不是以实物形状出现的，而是由一些抽象的符号按照一定的画法规则构成。我们来看两张图，第一张图是 LED 夜灯的实物连接图，如图 2-20 所示，第二张图是 LED 夜灯的电路图，如图 2-21 所示。由此可见，用抽象符号代替实物元器件，再进行连线就是电路图了。

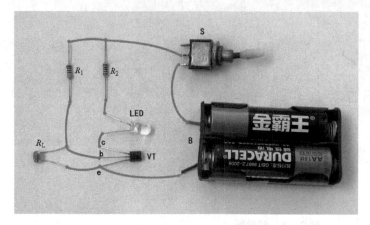

图 2-20　LED 夜灯的实物连接图

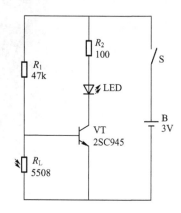

图 2-21　LED 夜灯电路图

通过对电路图的分析和研究，我们就可以了解电子设备的电路结构和工作原理。因此，看懂电路图是进行电子制作的前提。

初次接触电路图，可能会很茫然，一头雾水，但其实电子电路本身有很强的规律性，不管多复杂的电路，经过分析可以发现它是由少数几个单元电路组成的。因此初学者只要先熟悉常用的基本单元电路，再学会分析和分解电路的本领，看懂一般的电路图应该是不难的。

2.2.1　电路图的组成要素

一张完整的电路图是由若干要素构成的，这些要素主要包括图形符号、文字符号、连线以及注释性字符等。下面我们对图 2-21 所示 LED 夜灯电路图作进一步的说明。

1. 图形符号

图形符号是构成电路图的主体。图 2-21 中各种图形符号代表了组成 LED 夜光灯的各个元器件，如电阻、光敏电阻、晶体管、LED、电池、开关等。各个元器件图形符号之间用连线连接起来，就反映出 LED 夜灯的电路结构，即构成了 LED 夜灯的电路图。

常见元器件的图形符号要记住，这样看到电路图你就能将符号和实物建立起对应关系，在脑子里形成实物的连线图。这一步学会了，你就可以根据电路图进行电子制作了。

2. 文字符号

文字符号是构成电路图的重要组成部分。为了进一步强调图形符号的性质，同时也为了分析、理解和阐述电路图的方便，在各个元器件的图形符号旁，标注有该元器件的文字符号。例如"*R*"表示电阻器，"*C*"表示电容器，"VT"表示晶体管，"LED"表示发光二极管等。在一张电路图中，当同一种类的元器件有多个时，为了区别要在该元器件的后面加上序号，如在图 2-21 中有 2 个电阻，则分别用 R_1、R_2 表示。

常用元器件的图形符号和文字符号见表 2-2。表中没有列出的，我们在使用中要用到时再作介绍。

表 2-2　常用元器件的图形符号和文字符号

元器件名称	图 形 符 号	文 字 符 号
电阻		*R*
可变电阻（电位器）		R_P
电容		*C*
电解电容		*C*
二极管		VD
发光二极管		LED
稳压二极管		VD
晶体管	NPN　PNP	VT
场效应晶体管	NMOS　PMOS	VT
晶体振荡器		B
开关		S
继电器	K	K
电池		BAT

3. 注释性字符

注释性字符也是构成电路图的重要组成部分，用来说明元器件的数值大小或者具体型号。例如在图 2-21 中，通过注释性字符我们即可知道，电阻器 R_1 的阻值为 47 kΩ，R_2 的阻值为 100 Ω，光敏电阻 R_L 的型号为 5508，晶体管 VT 的型号为 2SC945，电池 BAT 的电压为 3 V。

2.2.2　电路图的画法规则

电路图遵循一定的画法规则，了解并掌握电路图的一般画法规则，对于看懂电路图十分重要。

1. 电路图的信号处理流程方向

我们书写和阅读都习惯从左到右，电路图中信号处理流程的方向一般也为从左到右，即将先后对信号进行处理的各个单元电路，按照从左到右的方向排列，这是最常见的排列形式。例如在图 2-21 中，从左到右依次为光敏传感器电路、晶体管放大电路和 LED 负载电路。

2. 连接导线

元器件之间的连接导线在电路图中用实线表示。导线的连接与交叉如图 2-22 所示，图 2-22a 中纵、横两导线交点处画有一圆点，表示两导线连接在一起。图 2-22b 中两导线交点处无圆点，表示两导线交叉而不连接。导线的丁字形连接如图 2-22c 所示。

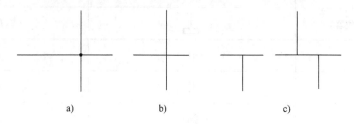

图 2-22　连接导线的表示方法

当连接导线的两端在电路图上相距较远，可以采用中断加标记的画法，这种标记也称网络标记。例如在图 2-23 中，Arduino 的 D8 端和电阻 R 的上端采用了中断画法，并在中断的两端加了相同的标记"a"，看电路时应该理解两个"a"端之间是有一条连接导线。

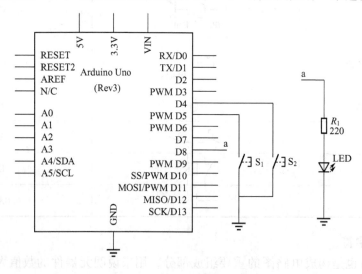

图 2-23　连接用网络标记表示

3. 电源线与地线

电路图中通常将电源引线布置在元器件的上方，将地线布置在元器件的下方。较复杂的电路图往往不将所有地线连在一起，而以一个个孤立的接地符号代之，例如我们可以将图 2-21 中的 LED 夜灯电路画成图 2-24 所示的形式，这时应理解为所有接地符号是连接在一起的。

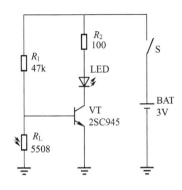

图 2-24　用接地符号的 LED 夜灯电路图

4. 集成电路的画法

集成电路的内部电路一般都很复杂，包含若干个单元电路和许多元件，但在电路图中通常只将集成电路作为一个元器件来看待，因此，几乎所有电路图中都不画出集成电路的内部电路，而是用一个矩形或三角形的框图来表示。

集成运算放大器、电压比较器等习惯上用三角形框图表示，其他集成电路习惯上用矩形框图表示，如图 2-25 所示。其左侧为输入端，右侧为输出端。

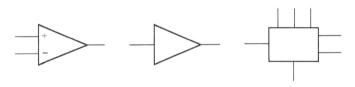

图 2-25　集成电路表示方法

掌握了以上的基础知识，我们就可以分析 LED 夜灯的工作原理了，电阻 R_1 和光敏电阻 R_L 组成分压单元电路，晶体管 VT 组成放大电路。白天光线较强，光敏电阻 R_L 的阻值只有数千欧姆，由 R_1 和 R_L 分压得到的晶体管 VT 的基极电位小于 0.6 V，VT 截止，没有集电极电流，LED 熄灭；随着黑夜的来临 R_L 电阻增大，晶体管 VT 的基极电位逐渐上升，当电压大于 0.6 V 时开始有基极电流，晶体管开始导通，当基极电流大到一定的值后，经放大集电极产生电流使 LED 点亮发光，R_2 为限流电阻，防止 LED 电流过大损坏。电池 B 提供电路的工作电源，电路图中通常将电源安排在右侧，S 是电源开关。

2.3　万用表

万用表是一种多功能、多量程的测量仪表，万用表在电子制作中是不可缺少的，在电路的安装和调试、元器件的检测等方面通常都需要用到它。一般可测量直流电流、直流电压、交流电压、电阻等，有的还可以测交流电流、电容量、电感量及晶体管的一些参数（如晶体管的电流放大倍数）等。

万用表按显示方式分为指针万用表和数字万用表，两种万用表各有特点，可根据自己的喜好和需要选择。

2.3.1 指针万用表

指针万用表的基本工作原理是利用一只高灵敏度的磁电式直流微安表做表头，万用表最常用的微安表头灵敏度为 50 μA（微安），即当通过表头的电流为 50 μA 时表头指针为满刻度，微弱的电流就能使指针偏转。因此表头不能通过大电流，必须在表头上并联或串联一些电阻进行分流或降压，从而测出电路中的电流、电压和电阻等。

1. 万用表测量原理

了解万用表的原理，对提高我们分析电路的能力很有帮助，下面用图 2-26 中各单元的简化电路来分析。

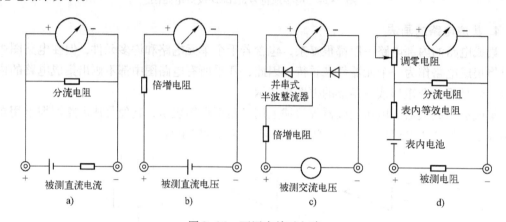

图 2-26 万用表单元电路

（1）测量直流电流原理

如图 2-26a 所示，在表头上并联一个适当的电阻（称分流电阻）进行电流的分流，就可以扩展电流量程。例如要扩大测量电流 20 倍，只要加一个分流电阻，使得通过分流电阻的电流是通过表头电流的 19 倍，如果知道了表头的电阻（通常称表头的内阻），根据欧姆定律就很容易计算出分流电阻的阻值。分流电阻越小能测量的电流就越大，万用表通过转换开关改变电流量程，实际上就是在改变并联在表头上的分流电阻的阻值。

（2）测量直流电压原理

如图 2-26b 所示，在表头上串联一个适当的电阻（称倍增电阻）进行降压，就可以扩展电压量程。改变倍增电阻的阻值，就能改变电压的测量范围。调节电压量程也是通过转换开关实现的。

（3）测量交流电压原理

如图 2-26c 所示，因为表头是直流表，所以测量交流时，需加装一个并、串式半波整流电路，将交流进行整流变成直流后再通过表头，这样就可以根据直流电的大小来测量交流电压。扩展交流电压量程的方法与直流电压量程相似。

（4）测量电阻原理

如图 2-26d 所示，在表头上并联和串联适当的电阻，同时串接一节电池，使电流通过被测电阻，根据电流的大小，就可测量出电阻值。改变分流电阻的阻值，就能改变电阻的量程。

2. 万用表的使用

以最常用的 MF47 型万用表为例，万用表的面板如图 2-27 所示。通过转换开关的旋钮来选择测量项目和测量量程。机械调零旋钮用来保持指针在静止时处在零位上，"Ω"调零旋钮是用在电阻挡校准时使指针对准 0 Ω 处，以保证测量数值准确。

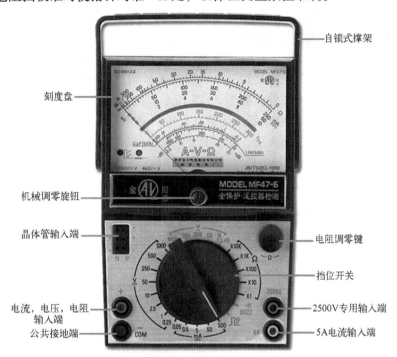

自锁式撑架

刻度盘

机械调零旋钮

晶体管输入端

电流，电压，电阻
输入端

公共接地端

电阻调零键

挡位开关

2500V专用输入端

5A电流输入端

图 2-27　MF47 型万用表

万用表一般要求水平放置，红表棒要插入正极（＋）接口，黑表棒要插入负极（－）接口。根据被测电量的种类和大小正确选择挡位。

测量电压或者电流时，如果不知道它们的大小和极性，应该先用大的量程测试，判断一下方向和大小，然后选择合适的量程和极性测量。绝对不能用电流挡或电阻挡测量电压，以免烧坏表头。

测量电流和电压时为了减小相对误差，要尽量选择使指针有较大偏转的挡位。

测量电阻时，先将红、黑表棒搭在一起短路，调整"Ω"调零旋钮，使表头指针恰好指在 0 Ω 处，然后将两根表棒分别接触被测电阻两端测量。为了提高测量电阻的准确度，要尽量选择使指针靠近表盘中心值的电阻挡。由于电阻挡每个挡位的工作电流不一样，例如 ×1 k 挡的电流最大只有几十微安，而 ×1 挡的电流最大可达几十毫安，电流在电池内阻上所产生的压降不一致，因此每次换挡后，都要重新调零，才能测量准确。

指针万用表使用电阻挡时，对外电路而言，红表棒接表内电池的负极，黑表棒接表内电池的正极。因此，如果用电阻挡来判断二极管的极性，分别测量正、反向电阻，当测量电阻小时，与黑表棒连接的是二极管的正极，与红表棒连接的是二极管的负极。

另外电阻挡 ×1 ~ ×1 k 用的往往是一节 1.5 V 电池，而 ×10 k 用的是 9 V 或 15 V 的电池。这在使用中也要引起注意，例如用电阻挡判断一个 LED 的正、负极，用 ×1 ~ ×1 k 挡就无法完成，因 1.5 V 的电压还不能使 LED 正向导通，这时只能用 ×10 k 挡了。

下面介绍用万用表测量晶体管的方法。

大家知道，晶体管是含有两个 PN 结的半导体器件。根据两个 PN 结连接方式不同，可以分为 NPN 型和 PNP 型两种不同导电类型的晶体管，用万用表测量晶体管的主要目的是判断晶体管的类型和三个脚的极性。测量过程如下：

（1）先确定晶体管的类型，找到基极

将万用表电阻挡拨到 ×100 或 ×1 k 挡，用黑表棒依次接在三个引脚上，红表棒分别接另外两引脚测量电阻，如果黑表棒接到某个引脚时测量到和另外两个引脚的电阻都比较小，表头指针能偏转到一半左右的位置，如图 2-28 所示，则这时黑表棒接电极为基极 b，且晶体管为 NPN 型。如果测量中没有碰到上述情况，说明晶体管不是 NPN 型，交换两个表棒的位置，用红表棒依次接在三个引脚上，用同样的方法可以判断出晶体管是 PNP 型，找到晶体管的基极 b。

图 2-28　判断晶体管的基极

（2）判断晶体管的发射极和集电极

找到基极后我们还不知道另两个电极哪个是发射极 e，哪个是集电极 c。接下来可以利用发射结和集电结这两个 PN 结不同的特性来区分。

现在用的晶体绝大部分都是硅晶体管，硅晶体管有一个特征，即发射结的反向击穿电压只有 5～6 V，相当于一个稳压二极管。由于万用表电阻挡 ×10 k 挡所用的电池一般为 9 V 或 15 V 的电池，发射结的反向击穿电压小于电阻挡 ×10 k 挡所用的电池电压，因此可以用电阻挡 ×10 k 挡来作判断发射结。以 NPN 型晶体管为例，分别测量两个 PN 结的反向电阻，找到反向电阻小的那个 PN 结，如图 2-29 所示，这时黑表棒所接的脚就是发射极 e。用类似的方法也可以找到 PNP 型晶体管的发射极 e。

如果碰到发射结的反向电压比较高，用电阻挡 ×10 k 挡无法判断时，还有一个动用"嘴巴"的方法，还以 NPN 型晶体管为例，将电阻挡调到 ×1 k 挡，将两表棒分别和基极外的两个引脚相连，两只手分别捏住两表棒与引脚的结合部，用嘴巴含住（或用舌头抵住）基电极 b，读出电阻值，交换两支表棒的位置，再读出电阻值，电阻较小的一次黑表棒所接的引

图 2-29　判断晶体管的发射极和集电极

脚是集电极 c，另一个引脚是发射极 e。PNP 型晶体管用类似的方法测量，电阻较小的一次红表棒所接的引脚是集电极 c。

2.3.2　数字万用表

数字万用表用液晶屏显示测量结果，如图 2-30 所示，其内部电路也和指针万用表有明显的不同，它使用了大规模集成电路处理信息，测量精度远高于指针万用表。普及型数字万用表的显示位数通常为 3 又 1/2 位（三位半）。数字万用表的特点是准确度高、分辨率高、测试功能完善、测量速度快、显示直观清晰、便于携带。近年来数字万用表有取代指针万用表的趋势。

数字万用表的使用方法和指针万用表类似，要注意选择合理的挡位。

在使用数字万用表的电阻挡和测量二极管挡时要注意：数字万用表红表棒接表内电池的正极，黑表棒接负极，这和指针万用表恰巧相反。数字万用表测量二极管正好符合二极管的实际极性，即导通时红表棒接的是二极管的正极，黑表棒接的是负极，而指针万用表正好相反。

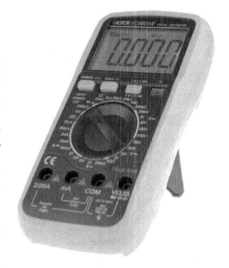

图 2-30　数字万用表

2.4　常用工具

1. 电烙铁

电烙铁是电子制作中不可缺少的工具之一，主要用途是焊接元件及导线，按机械结构可分为内热式电烙铁和外热式电烙铁，有些电烙铁还具有恒温功能。常见的电烙铁如图 2-31

所示。现在小功率的电烙铁基本上都是内热式电烙铁，内热式电烙铁由于烙铁心安装在烙铁头里面，因而发热快，热利用率高，20 W 内热式电烙铁的使用效果就相当于 40 W 左右的外热式电烙铁。

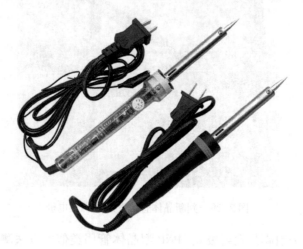

图 2-31　电烙铁

用电烙铁焊接时还要用焊锡丝，焊接电子元件一般用低熔点焊锡丝。焊锡丝是由锡合金和助焊剂两部分组成，合金成份为锡和铅，助焊剂均匀灌注在锡合金中间部位。助焊剂的主要作用去除氧化，去除被焊接材质表面油污，增大焊接面积。

焊接时把焊盘和元器件的引脚处理干净，烙铁头和焊锡丝同时接触焊点，待焊点上的焊锡全部熔化并浸没元件引线头后，电烙铁头沿着元器件的引脚轻轻往上一提离开焊点，完整的焊接过程如图 2-32 所示。有的人喜欢先将焊锡熔在烙铁头上再将烙铁头接触焊点进行焊接，这样做的动作要快，不然助焊剂在焊接前已经挥发掉了，起不到助焊剂的作用，影响焊接质量，同时降低了焊锡流动性，使焊点不光亮。

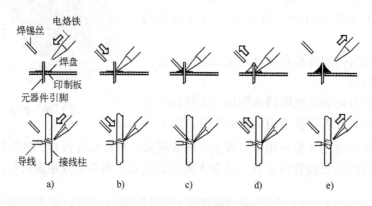

图 2-32　焊接步骤
a）准备施焊　b）加热焊件　c）送入焊丝　d）移开焊丝　e）移开烙铁

焊接时要注意焊接时间不宜过长，否则容易烫坏元件，必要时可用镊子夹住引脚帮助散热。集成电路应最后焊接，电烙铁要可靠接地，或断电后利用余热焊接。如果使用集成电路专用插座，应焊好插座后再把集成电路插上去。

烙铁头很容易氧化变脏，可蘸松香清洗。

为了使用安全，加热的电烙铁不用时应放在烙铁架上。

2. 镊子、钳子、螺钉旋具

在电子制作中常用到镊子、钳子和螺钉旋具，如图 2-33 所示。

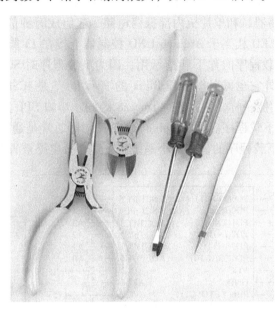

图 2-33　镊子、钳子和螺钉旋具

镊子用来夹取小螺钉、小元件等小物品，它也是焊接不可少的一件工具，特别是在焊接小元件或者短接线的时候，如果直接用手拿着去焊，很容易烫手，这时必须用镊子钳住焊接。用镊子钳着小元件来焊，可以避免烙铁的热量从焊点传入元件，把元件烫坏或使其参数改变。

钳子在电子制作中主要起到夹持和剪切的作用。钳子最好有两把。一把是尖嘴钳，用来夹持小螺钉、小零件，在电路焊接时夹住元件引脚等。另一把是平嘴钳（钢丝钳），用来换折弯金属片、拧螺钉、剪导线等。

螺钉旋具要有一字型和十字型两种，每种要有大小两种规格，分别用来拧不同种类和不同大小的螺钉。

以上是一些最基本的工具配备，如果要进行较为复杂的电子制作，还要根据需要准备钢锯、台钳、手电钻（或手摇钻）、锤子、锉刀等。

2.5　用 ATmega8 制作 Arduino 最小系统板

在 Arduino IDE 支持的板卡中，ATmega8 是最便宜的，在项目不太复杂时它完全可以胜任，因此这里就用 ATmega8 制作 Arduino 最小系统板，这个最小系统板同时兼容 ATmega168 和 ATmega328，即电路板上的 ATmega8 可以直接用这两种芯片替代，只是下载程序时选择的板卡有所不同。

2.5.1 硬件电路

图 2-34 所示是 Arduino 最小系统板的电路图。电路图中也标注了 Arduino 控制器端口与单片机引脚的对应关系，这种对应关系在以后为最小系统板编写程序代码时要作为参考。图中 B 是 16 MHz 晶体振荡器，和单片机内部振荡电路一起组成时钟信号电路，为单片机提供工作所需的时钟信号。LED 相当于 Arduino UNO 控制器上接在 13 脚标注为 L 的 LED，R 是限流电阻。LED 可在下载程序时作下载指示用，因为下载程序时 SCK 有脉冲信号，LED 会跟着脉冲信号闪烁。另外它也可以作例程 Blink 的演示用，J 是 ICSP 插座，和 Arduino UNO 控制器上的 ICSP 插座功能一样，它接在 ATmega8 的同步串口 SPI 上，SPI 接口接上专用的下载线就可以从计算机下载程序。而 Arduino UNO 控制器通常是通过 USB 芯片接单片机的异步串口（RX、TX）下载程序的，在最小系统板上这部分电路被省略掉了。

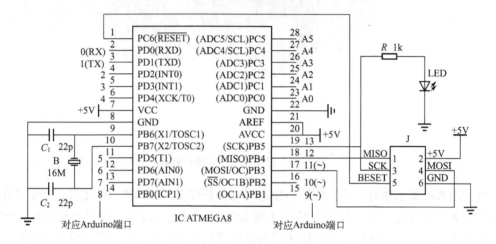

图 2-34　Arduino 最小系统板电路图

Arduino 最小系统板既可以在面包板上试验，也可以用洞洞板制作，下面介绍用洞洞板制作。

制作所需要的主要元器件见表 2-3 。

表 2-3　所需的主要元器件

序号	名　称	标号	规　格　型　号	数　量
1	单片机	IC	ATmega8 - 16u 或 ATmega8A PDIP（双排直列）封装	1
2	电阻	R	1 k 1/4 W	1
3	电容	C_1、C_2	22 pF	2
4	发光二极管	LED	φ5 mm 红色	1
5	晶体振荡器	B	16 MHz	1
6	集成电路插座		窄体 28P 锁紧座	1
7	ICSP 插座	J	6 针	1
8	洞洞板		50 ×70	1

元器件在洞洞板的布局如图 2-35 所示。

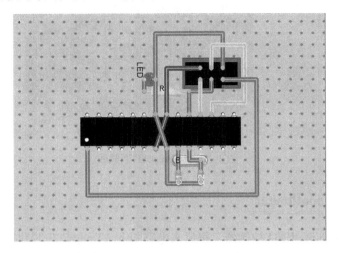

图 2-35　Arduino 最小系统板布局

装配连线时有交叉的地方连接线要用绝缘线，焊接好的电路板如图 2-36 所示，单片机应在焊接好以后再插到插座上去。

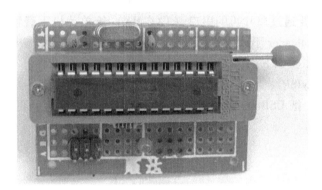

图 2-36　Arduino 最小系统板

2.5.2　USBtinyISP 下载线

ISP（in - system programming）意思是在线系统编程，是一种无需将单片机从电路板上取出就能对其进行编程的过程。其优点是，即使元器件焊接在电路板上，仍可对其进行编程。

ISP 下载线（也叫编程器）就是一根用来在线下载程序的线，但不是单纯的线，上面配有装有单片机芯片的电路板。Arduino IDE 支持的下载线型号有 AVR ISP、USBtinyISP、US-Basp 等，建议购买 USBtinyISP，它的 ICSP 接口有 10 针和 6 针两种接口，以适应不同接口的电路板，USBtinyISP 下载线如图 2-37 所示。

我们准备一根连接到计算机的 USB 连线和一根连接到电路板 ICSP 插座的连线就下载程序了。

图 2-37　USBtinyISP 下载线

2.5.3　下载 bootloader

如果有一个 Arduino UNO 控制器，把原来电路板上 ATmega328 芯片拔下来，换一个新的 ATmega328 插上去，用户会发现控制器不能工作了，这是为什么呢？用户可能会怀疑新换的芯片是坏的，其实不然，原来控制器上的单片机的 Flash 程序存储器的引导部分已经预先写入了一段代码，这段代码称为 bootloader。Bootloader 在控制器上电后就开始运行，它运行后计算机就通过控制器电路板上 USB 芯片经串口（TX、RX）和单片机进行通信，并可用来下载程序。因此，如果要通过单片机的串口（TX、RX）给单片机下载程序，就必须先用 US-BtinyISP 下载线将 Bootloader 下载到单片机中。

下载 Bootloader 步骤如下：

（1）连接 USBtinyISP

如图 2-38 所示，把 USBtinyISP 用随机配的线连接最小系统板，再用 USB 线和计算机相连，打开 Arduino IDE。

图 2-38　USBtinyISP 连接最小系统板

（2）选择控制器型号

在"工具"→"板卡"菜单选项中选择 "Arduino NG or older w/ATmega8"。如图 2-39 所示。

（3）选择下载线型号

在"工具"→"编程器"菜单选项中选择 "USBtinyISP"，如图 2-40 所示。

图 2-39　选择控制器型号

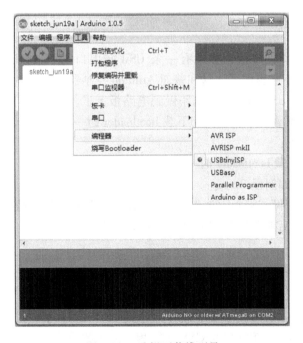

图 2-40　选择下载线型号

（4）下载 bootloader

执行"工具"→"烧写 Bootloader"命令开始下载，如图 2-41 所示，这时我们可以看到 LED 快速闪烁，待其不闪烁时下载就结束了。

图 2-41　下载 bootloader

如果 Arduino 控制器上的单片机芯片坏了，我们可以用这种方法将一片新的芯片写入 bootloader，也可以直接将 USBtinyISP 接在 Arduino 控制器上的 ICSP 扩展接口上来完成这一操作，这样就可以恢复控制器的功能了。

2.5.4　下载程序

ATmega8 写入 bootloader 后，如果有一条 USB 转串口的下载线，就可以将其接到 ATmega8 的 TX 和 RX 端下载程序了，这和普通 Arduino 控制器下载程序的方式是一样的，只不过 Arduino 控制器是将 USB 转串口的电路做到电路板上了。如果没有 USB 转串口的下载线，可直接用 USBtinyISP 下载程序，接线和下载 bootloader 时一样。

下载程序步骤如下：

步骤 1）~3）和下载 bootloader 时一样。

4）打开程序，比如例程 Blink。

5）单击菜单"文件"选项中的"使用编程器下载"就可以下载程序了。

下载完例程 Blink 后就会发现 LED 将亮 1 s 熄 1 s 地闪烁了。

2.6　用Arduino UNO作下载器为Arduino最小系统板下载程序

如果有一块 Arduino UNO 控制器，就可以不买 USBtinyISP 下载线了，方法是通过下载程序把 Arduino UNO 做成一个和 USBtinyISP 功能相同的下载线。

2.6.1　将 ArduinoISP 下载到 Arduino UNO

Arduino IDE 自带一个例程 ArduinoISP，这个程序和下载线中芯片固化的程序代码类似，把这个程序下载到 Arduino UNO 中，Arduino UNO 就成了一个下载线。

下载 ArduinoISP 和下载例程 Blink 的方法是一样的，在选好板卡和串口后，打开例程 ArduinoISP，如图 2-42 所示，再单击下载按钮就可以完成下载了。

图 2-42　打开例程 ArduinoISP

2.6.2　下载 bootloader

Arduino UNO 和最小系统板使用 6 根杜邦线连接，连接方法如图 2-43 所示。实物连接如图 2-44 所示。

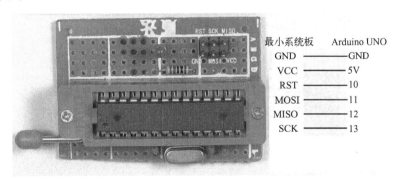

图 2-43　Arduino UNO 和最小系统板接线图

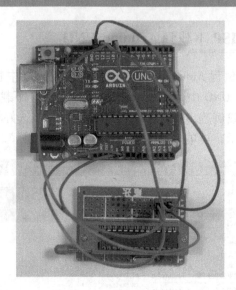

图 2-44　Arduino UNO 和最小系统板实物连接图

下载 bootloader 的步骤如下：

1）选择板卡："Arduino NG or older w/ATmega8"。

2）选择"工具"→"编程器"菜单选项中的"Arduino as ISP"，如图 2-45 所示。

图 2-45　选择编程器

3）执行"工具"→"烧写 Bootloader"命令开始下载，下载结束后如图 2-46 所示。

图 2-46　烧写 Bootloader

2.6.3　下载程序

下载程序的过程和 2.4.4 节中除了编程器选择"Arduino as ISP"外完全一样，不再重复介绍。

第3章

Arduino 程序设计

计算机安装了软件才能完成相应的工作。同样地，要使 Arduino 控制器按照我们的要求工作，用户就要告诉它该怎么做。Arduino 不能直接听懂人说的话，必须使用它能识别的程序语言。Arduino 使用的 AVR 单片机只认识由 0 和 1 组成的机器语言，但是现在没有人再去用机器语言写程序。和机器语言关系最近的是汇编语言，汇编语言是一种针对具体机器的低级语言，它采用了助记符，比机器语言容易理解，但是它比较难学，而且可移植性差。现在大部分人编写单片机程序均使用高级语言，其中以 C 语言使用最为广泛。

Arduino 语言是建立在 C/C++ 基础上的，它的核心库就是用 C/C++ 编写的，我们在学习和编写 Arduino 程序时只要掌握基础的 C 语言就够了。Arduino 语言把 AVR 单片机相关的一些参数设置都函数化了，编写在核心库中，不需要我们去了解它的底层，这样编写程序就变得轻松多了。Arduino IDE 可以将我们编写的程序代码编译生成高效的机器语言代码写入 Arduino 控制器中，这样 Arduino 控制器就可以按照我们的要求工作了。

3.1 Arduino 语言的程序结构

学过 C 语言的朋友都知道 C 语言有一个主函数 main( )，那么 Arduino 语言的程序结构是怎样的呢？

打开 Arduino IDE，先选择"文件"→"示例"→"01. Basics"→"BareMinimun"菜单项，打开了最小的 Arduino 程序：

```
void setup( )
{    }
void loop( )
{    }
```

这段程序中没有出现 main( ) 函数，取代它的是两个函数是 setup( ) 和 loop( )。这里这两个程序体中没有任何代码，但编译却能通过，说明它已经是一个完整的 Arduino 程序了，用户可以试着删除其中任何一个函数，编译时就会提示出错了。

先以 setup( ) 函数为例说一下函数的结构，setup( ) 前的 void 表示这个函数没有返回值，函数体（即函数的代码）用大括号{}括起来。

setup()函数是做一次性初始化的，通常是执行配置 I/O 端口状态和串口初始化等操作，这个函数只在开机或复位后执行一次。如果用户没有任何东西需要设置，只要像上面一样写一个空函数就可以了。

setup()函数执行完后，Arduino 就会接下来执行 loop()函数中的代码。loop()函数是一个无限循环的函数，函数体中的代码被反复循环执行，即执行完最后一条代码又回到第一条代码重新往下执行，如此反复。loop()函数可完成程序的主要功能，如各种传感器数据的采集，各种模块设备的驱动等。

3.2　Blink 程序解读

Blink 示例程序我们在第 2 章接触过，下面用这个程序来解读 Arduino 语言的代码。与端口有关的代码我们只需作初步的了解，在第 4 章还要作详细的介绍。

现在大多数 Arduino 控制器都配备了一个内置的 LED，连接在数字引脚 13 上，Blink 程序就是用来控制这个 LED 的点亮与熄灭的。

Blink 程序代码如下：

```
/ *
Blink
点亮 LED,等待 1 s 钟;熄灭 LED,等待 1 秒钟,如此重复
*/
int led = 13 ;                   //给 13 引脚指定一个名称"led"
void setup( )
{
  pinMode(led,OUTPUT) ;          //将"led"引脚设置为输出端口
}
void loop( )
{
  digitalWrite(led,HIGH) ;       // 点亮 LED(HIGH 表示"led"引脚输出高电平)
  delay(1000) ;                  // 等待 1 s 钟
  digitalWrite(led,LOW) ;        //熄灭 LED(LOW 表示"led"引脚输出低电平)
  delay(1000) ;                  //等待 1 s 钟
}
```

程序中"/ *"和"*/"之间的部分以及"//"后面的内容是程序的注释，仅仅起到提供信息的作用，并不影响程序的执行。在为复杂的代码或者需要说明的地方写注释时要使用这些符号，不然编译时会出错。当有多行注释时往往用"/ *"或"*/"，只有一行注释时用"//"。

我们先看第一行代码：

```
int led = 13 ;
```

这是给 13 号引脚指定一个名称"led",这样就让一个值有了一个有意义的名字,在用户写 led 的任何地方,编译器都知道要用 13 来代替,这样有助于别人阅读代码,也有利于用户修改代码,比如想把 13 脚改成 12 脚,只要修改这一行就行了。

led 是一个变量,在它前面写 int ,是定义 led 数据类型为整数。

最后一个分号(请注意是英文字符分号,编写程序时键盘必须处于英文输入状态)作为该行代码的结束标志,如果忘记了写分号,在编译程序时会出现错误信息。

setup( )函数只有一行代码,调用 pinMode( )函数,代码为

　　　pinMode(led,OUTPUT);

是让 Arduino 将引脚 led 作为数字输出端口的命令。

在 loop( )函数里调用 digitalWrite ( )函数,其中

　　　digitalWrite(led,HIGH);

向引脚 led 写入 1 (HIGH),让其输出高电平,输出电压就为 5 V。

　　　digitalWrite(led,LOW);

向引脚 led 写入 0 (LOW),让 led 输出低电平,输出电压就为 0 V。

还调用了 delay( )函数,delay( )函数会消耗时间,让单片机停在这里不往下执行,时间以毫秒为单位,1000 即为 1 s,这样 LED 的每一种状态(亮与熄)都能保留 1 s 钟,因此就能出现 LED 亮 1 s、熄 1 s 的效果了。

3.3　数据类型

在 C 语言中数据有两种表现形式:常量和变量。

1. 常量

在程序运行过程中,数值不能被改变的量称为常量。

在 Arduino 中,几个常见的常量有:

(1) HIGH | LOW

表示数字 I/O 口的电平,HIGH 表示高电平,HIGH 的值为 1;LOW 表示低电平,LOW 的值为 0。

(2) INPUT | OUTPUT

表示数字 I/O 口的方向,INPUT 表示输入,INPUT 的值为 0;OUTPUT 表示输出,OUTPUT 的值为 1。

(3) true | false

true 表示逻辑状态"真(1)",false 表示逻辑状态"假(0)"。

常量通常使用语句

#define 常量名 常量值

定义,例如在 Arduino IDE 的"Arduino. h"文件中是这样定义 HIGH 和 LOW 的值的:

　　　#define HIGH　0x1

```
#define LOW   0x0
```

其中数字前的 0x 表示采用的是十六进制数。

上一节我们给 13 引脚取了一个变量 "led" 的名称，我们也可以给它取一个常量的名称，用下列语句：

```
#defineled   13
```

2. 变量

在程序运行期间可以改变的量称变量。变量在单片机中是要占用内存的，即每一个变量都要给它分配 SRAM 存储单元。

变量的定义方式：

> 类型符　变量名

例如，定义一个整形变量 a 的语句为：

> int a；

也可以在定义的同时给 a 赋初始值，例如：

> int a = 25

3. 数据类型

变量要占用 SRAM 的存储单元，存储单元的单位为字节（byte），1 个字节有 8 个二进制位（bit），即 1byte = 8 bit。不同类型的数据占用的字节数是不一样的，因此要对数据进行分类，以便编译时为其分配合理的存储空间。

Arduino 常用的数据类型见表 3-1。

表 3-1　Arduino 常用的数据类型

数 据 类 型	字　　节	取 值 范 围	说　　明
boolean	1	true，false	布尔变量
char	1	-128 ~ 127	字符
unsigned char	1	0 ~ 255	无符号字符
byte	1	0 ~ 255	字节，1 byte = 8 bit
int	2	-32768 ~ 32767	整型，在 arduino Due 上是 4 个字节
unsigned int	2	0 ~ 65535	无符号整型
long	4	$-2^{31} \sim 2^{31} - 1$	长整型
unsigned long	4	$0 \sim 2^{32} - 1$	无符号长整型
float	4	$-3.4028235E + 38 \sim$ $3.4028235E + 38$	浮点数

3.4　运算符

程序中的运算就要用到规定的运算符，运算符和变量、函数等一起组成表达式，表示各

51

种运算功能。C 语言中常用的运算符见表 3-2。

表 3-2　C 语言中常用的运算符

类　　型	运　算　符	说　　明
算术运算符	=	赋值，把符号右边的值存储在符号左边的变量中
	+	加
	-	减
	*	乘
	/	除
	%	取模，例如 9%4=1，即求余数
	++	自加，例如 i++，即 i=i+1
	--	自减，例如 i--，即 i=i-1
关系运算符	>	大于
	<	小于
	>=	大于或等于
	<=	小于或等于
	==	等于，用于条件的判断
	!=	不等于
逻辑运算符	||	逻辑或
	&&	逻辑与
	!	逻辑非
赋值运算符	+=	加法赋值，例 a+=b，即 a=a+b
	-=	减法赋值，例 a-=b，即 a=a-b
	|=	逻辑或赋值，例 a|=b，即 a=a|b
	&=	逻辑与赋值，例 a&=b，即 a=a&b
位运算符	<<	左移
	>>	右移
	~	取反
	|	或
	&	与

3.5　数组

数组是相同数据类型的数据按一定顺序排列的集合，可以用相同的名字来代表它们，然后用编号区分不同的元素，这个名字称为数组名，编号称为下标。用了数组以后，可以有效地处理大批量的数据，提高程序的效率，使程序变得简洁、清晰。

3.5.1　一维数组

一维数组是数组中最简单的，它的元素只要数组名加一个下标就能唯一地确定。

要在程序中使用数组，必须先进行定义。一维数组定义的一般形式为：

类型符 数组名［常量表达式］；

方括号内的常量表达式用来表示元素的个数，即数组长度，例如：

int a［10］；

这是一个整数型的数组，数组名为 a，a 数组有 10 个元素，这 10 个元素是：a［0］、a［1］、a［2］、a［3］、a［4］、a［5］、a［6］、a［7］、a［8］、a［9］。注意数组下标从 0 开始，到 9 结束，没有元素 a［10］。

在定义数组时就可以对全体数组元素赋初值，例如：

int a［10］=｛1,2,3,4,5,6,7,8,9,10｝；

数组中各元素的初值按顺序放在大括号内，数据间用逗号分隔，经上述初始化后，a［0］=1，a［1］=2，a［2］=3，a［3］=4，a［4］=5，a［5］=6，a［6］=7，a［7］=8，a［8］=9，a［9］=10。

数组的常量表达式也可以省略不写，如上述可写成：

int a［ ］=｛1,2,3,4,5,6,7,8,9,10｝；

在这种写法中，大括号中有 10 个数，虽然没有在方括号中指定数组的长度，但是系统会根据大括号内数据的个数确定数组 a 中有 10 个元素。

3.5.2　二维数组

具有两个下标的数组称为二维数组。有些问题用一维数组处理比较困难，这时候就要用到二维数组，比如我们后面的要介绍的实验项目 9 "LED 骰子"的程序中就用到了二维数组。

二维数组定义的一般形式为：

类型符 数组名［常量表达式］［常量表达式］；

例如：

Int a［3］［4］；

定义 a 为 3×4（3 行 4 列）的数组。

二维数组元素的表达形式为：

数组名 ［下标］［下标］

给二维数组赋初值的方法主要有两种：

1）按行给二维数组赋初值。如

Int a［3］［4］=｛｛1,2,3,4｝,｛5,6,7,8｝,｛9,10,11,12｝｝；

2）将所有数据写在一个大括号内，按数组排列的顺序赋初值。如

Int a［3］［4］=｛1,2,3,4,5,6,7,8,9,10,11,12｝；

经上述初始化后，各个元素的值分别为：a[0][0]=1，a[0][1]=2，a[0][2]=3，a[0][3]=4，a[1][0]=5，a[1][1]=6，a[1][2]=7，a[1][3]=8，a[2][0]=9，a[2][1]=10，a[2][2]=11，a[2][3]=12。注意数组 a[3][4] 行下标的取值范围是 0~2，列下标的取值范围是 0~3。

3.6 程序流程图

许多初学者往往把"程序设计"理解为"写代码"，其实我们在写程序前应该认真分析、设计算法，算法就是解决问题的步骤。流程图是一种常用的表示算法的传统方法，它利用图形化的符号框来代表各种不同性质的操作，并用流程线来连接这些操作。千言万语不如一张图，流程图简单直观，可以帮助我们理清程序思路。

3.6.1 流程图的基本符号

流程图的基本符号有起止框、输入输出框、判断框、处理框、连接点等。根据美国国家标准化协会 ANSI 的规定，常用的流程图符号如图 3-1 所示。

图 3-1　流程图的基本符号

起止框：表示程序的开始和结束。

输入输出框：用于记录输入值和输出值，以及程序的运行结果和状态。

判断框：根据给定的条件进行判断，决定如何执行后面的操作。将判断的依据条件放在判断框内。它有一个入口，两个出口，如图 3-2 所示。

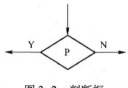

图 3-2　判断框

处理框：程序需要执行的操作。

连接线：用于连接流程图中各个功能框走向的有向线段。

连接点：用于将两个画在不同地方的流程线连接起来，用连接点可以避免流程线交叉或过长。如图 3-3 所示。

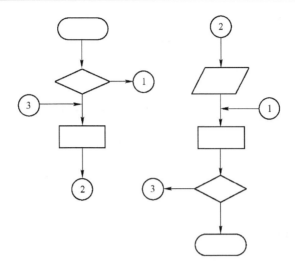

图 3-3　使用连接点

3.6.2　流程图的基本结构

流程图有三种的最基本结构，这三种基本结构用来作为表示算法的流程图的基本单元。

1. 顺序结构

顺序结构是一种最简单、最基础的结构。图 3-4 所示就是一个顺序结构，执行完 A 框的操作后再执行 B 框的操作。

2. 选择结构

选择结构又称分支结构，如图 3-5 所示。选择结构中包含一个判断框，根据给定条件 p 的条件是否成立来选择执行 A 框或者 B 框，A、B 只能执行一个，无论走哪一条路径，执行完操作后均经过 b 点脱离本选择结构。

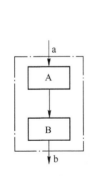

图 3-4　顺序结构

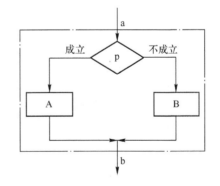

图 3-5　选择结构 1

A、B 两个框中可以有一个是空的，即不执行任何操作，如图 3-6 所示。

3. 循环结构

循环结构又称重复结构，即反复执行某一部分的操作。循环结构可分为"当"（while）型循环结构和"直到"（until）型循环结构，如图 3-7 所示。

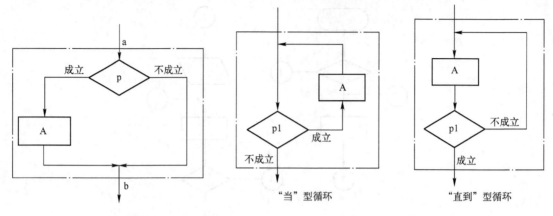

图 3-6   选择结构 2   图 3-7   循环结构

"当"型循环结构先判断给定条件 p1，当给定条件 p1 成立时，执行 A 框操作，执行完 A 框操作后，再回过来判断条件 p1 是否成立，如果仍然成立，再执行 A 框操作，如此反复，直到某一次条件 p1 不成立为止，这时不执行 A 框操作，而从 b 点脱离本循环结构。

"直到"型循环结构先执行 A 框操作，然后再判断给定条件 p2 是否成立，如果条件 p2 不成立，则再执行回去执行 A 框操作，然后再对条件 p2 作判断，如果条件 p2 仍然不成立，再执行 A 框操作，如此反复，直至条件 p2 成立为止，此时不再执行 A 框操作，从 b 点脱离本循环结构。

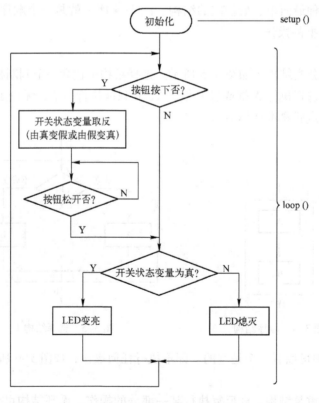

图 3-8   程序对应的流程图

以 1.1.1 节中第二个程序为例，这个程序对应的流程图如图 3-8 所示，在这个流程图中，三种基本结构都有了应用，等学完了第 4 章，可以再回过来研究一下是如何根据流程图写出程序代码的。

3.7　控制语句

从上面三种结构的流程图可以看出，程序在执行的过程中，往往要根据某些条件来决定下一步执行什么操作，这就需要用到选择型控制语句来实现结构程序的选择；在要不断重复执行某些操作时，就需要用到循环控制语句来实现循环结构程序。

选择控制语句主要有 if 语句和 switch 语句，循环控制语句主要有 for 语句和 while 语句。

3.7.1　if 语句

用 if 语句可以实现选择结构，它根据给定的条件进行判断，以决定执行哪个分支程序段。if 语句按分支的数量分三种基本形式。

第一种形式：

> if(表达式)
> 　　语句;

if 语句中的"表达式"可以是关系表达式、逻辑表达式或数值表达式。

语句是这样执行的：如果表达式为真（即条件成立），则执行后面的语句，否则不执行后面的语句，对应流程图如图 3-9 所示。

第二种形式：

> if(表达式)
> 　　语句 1;
> else
> 　　语句 2;

语句的执行过程：如果表达式为真，则执行语句 1，否则执行语句 2。对应流程图如图 3-10 所示。

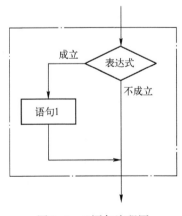

图 3-9　if 语句流程图

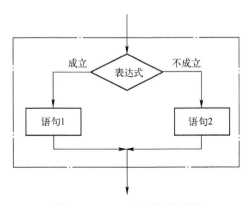

图 3-10　if - else 语句流程图

第三种形式：

```
if( 表达式 1)
    语句 1；
elseif( 表达式 2)
    语句 2；
else if( 表达式 3)
    语句 3；
…
else if( 表达式 n)
    语句 n；
else
    语句 n + 1；
```

语句执行过程：依次判断各表达式，当出现某个表达式的值为真时，则执行其对应的语句，然后跳到整个 if – else 语句的最外层继续执行。如果所有的表达式均为假，则执行语句 n + 1。对应流程图如图 3–11 所示。

在 if 语句的三种形式中，如果要想在满足条件时执行多个语句，则必须把这几个语句用大括号 { } 括起来组成一个复合语句。

3.7.2　switch 语句

switch 语句是多分支选择语句，用来实现多分支选择结构。虽然 if 语句的第三种形式也是多分支结构，但 switch 语句会使代码更简洁，可读性更好。

```
switch( 表达式)
{
    case 常量表达式 1：
    语句 1；
    break；
    case 常量表达式 2：
    语句 2；
    break；
    …
    case 常量表达式 n：
    语句 n；
    break；
    default：
    语句 n + 1；
}
```

说明：

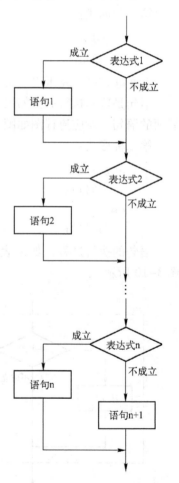

图 3–11　if – else if 语句流程图

1）switch 后面括号内的表达式，只能是数值类型或字符类型。

2）当 switch 表达式的值与一个 case 子句中的常量表达式的值相符时，则执行此 case 后的语句，并退出 switch 结构（因为每个分支最后均有 break 退出语句），如果与所有 case 子句中常量表达式的值都不相符，则执行 default 后面的语句。

使用时要注意：case 后允许有多个语句，可以不用大括号{}括起来，default 子句可以省略不用。

switch 语句流程图如图 3-12 所示。

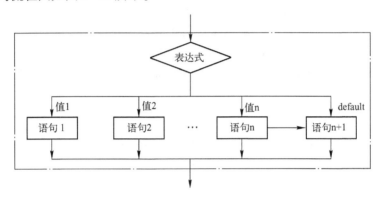

图 3-12　switch 语句流程图

3.7.3　while 语句

while 语句是"当"型循环结构，即先判断表达式，然后执行循环体。其一般形式为：

```
while(表达式)
    语句;
```

其中表达式是循环条件，语句为循环体。当指定的条件为真（表达式的值为非 0）时，执行 while 语句循环体中的语句。其流程图如图 3-13 所示。

使用 while 语句时需要注意以下几点：

1）while 语句中的表达式一般是关系表达式或逻辑表达式，只要表达式的值为真（非 0）即可继续循环。

2）循环体如果包含一个以上的语句，则要用大括号{}括起来，组成复合语句。

3）当表达式的值永远为真（比如表达式为 1）时就会进入死循环（永远退不出 while 结构），在选择循环条件时应该注意选择避免进入死循环。但有时候我们也要有意使用死循环，比如单片机的 C 语言主函数中必须要有一个死循环。其作用相当于 arduino 语言中的 loop( )函数。

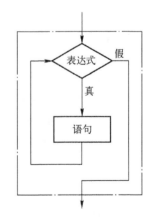

图 3-13　while 语句流程图

3.7.4 do…while 语句

while 语句是"直到"型循环结构, 即先执行循环体, 然后判断表达式。其一般形式为:

```
do
    语句;
while(表达式)
```

执行过程: 先执行一次循环体, 然后判断表达式, 当表达式的值为真时, 返回重新执行循环体, 如此反复, 直到表达式的值为 0 时结束循环。其流程图如图 3-14 所示。

使用 do…while 语句的注意事项和 while 语句相同。

3.7.5 for 语句

for 语句也是一种循环语句, 在 Arduino 编程中应用广泛, 它比 while 语句更加灵活, 可以取代 while 语句。

for 语句的一般形式为:

```
for(表达式 1;表达式 2;表达式 3)
    语句;
```

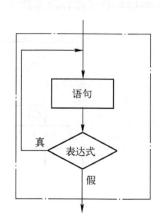

图 3-14 do…while 语句流程图

一般情况下三个表达式是这样设置的:

表达式 1 用来给循环变量赋初值, 一般是赋值表达式。

表达式 2 用来设置循环条件, 一般为关系表达式或逻辑表达式。

表达式 3 用来设置循环变量增值, 一般是赋值语句。

语句执行的过程为:

1)给循环变量赋初值。

2)判断循环条件是否成立, 若其值不真, 则执行循环体语句, 然后执行下面第 3 步; 若为假, 则结束循环, 跳出 for 结构执行其后面的语句。

3)循环变量增量。

4)转回第 2 步继续执行。

for 语句对应的流程图如图 3-15 所示。

【例】求 1 到 100 的和。

程序代码:

```
int sun = 0;
for(int i = 0;i <= 100;i ++ )
    sun = sun + i;
```

这个程序比较简单, 读者可以自己试着分析一下程序的具体运行过程。

使用 for 语句时要注意以下几点:

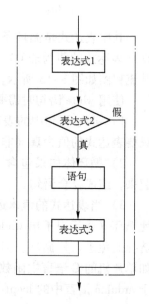

图 3-15 for 语句流程图

1）循环体如果包含一个以上的语句，则要用大括号 {} 括起来，组成复合语句。

2）表达式可以省略，但表达式后的分号不能省略，比如在 for 语句之前已经给循环变量初值，就可以省略延缓一个表达式，例如

```
int i = 0, sun = 0;
for( ;i <= 100;i ++ )
sun = sun + i;
```

3）如果三个表达式都省略，即

```
for( ;;)
    语句;
```

这时和

```
while(1)
    语句;
```

的功能是一样的，是死循环。

第4章

Arduino 资源应用

本章介绍的 Arduino 资源主要指硬件资源和软件资源。硬件资源指 Arduino 的各种端口，软件资源是 Arduin IDE 提供的基础函数。配合端口使用这些基础函数就可以使得我们学习 Arduino 更容易上手。

4.1 数字 I/O 口

数字信号是指信号幅度的取值是离散信号，数字信号是用 1、0 两种信号传送信息的，在计算机中数字信号可以用二进制数来表示。单片机电路中用 1 表示高电平，0 表示低电平，如图 4-1 所示。输入和输出只有这两种状态的端口称为数字 I/O 口。Arduino 控制器上 0~13 是数字 I/O。另外模拟输入引脚 A0~A5 也可以作数字 I/O 口用。

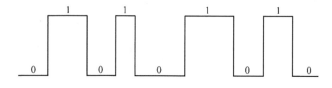

图 4-1　高低电平表示方法

4.1.1　数字 I/O 函数库

Arduino 数字 I/O 函数包括 pinMode( )、digitalWrite( )、digitalRead( )三个函数。

1. pinMode( )

功能：将指定的引脚配置成输入或输出模式。

语法：pinMode(pin,mode)。

参数：

Pin：指定配置引脚的编号。

mode：INPUT、OUTPUT、INPUT_PULLUP。

INPUT 是输入模式，OUTPUT 是输出模式。当引脚设置成输入模式时引脚基本处于悬浮状态，输入阻抗是非常大，致使其输入状态是漂浮不定的，有可能是 1，也有可能是 0，因此我们往往要对电源（上拉）或对地（下拉）接一只电阻以决定它的初始状态，比如第 1章开始举的例子就接了一个上拉电阻。在单片机端口的内部也有一个上拉电阻，只是这个电阻平时并没有接入，这个电阻大小约 40 kΩ，我们在 pinMode( ) 函数中选择输入上拉模式 IN-PUT_PULLUP 就可以通过内部的电子开关将这一电阻接入，这样外面的上拉电阻就可以省略了。

2. digitalWrite( )

功能：设置指定的引脚输出高电平或低电平。

语法：digitalWrite(pin, value)。

参数：

pin：指定设置的输出引脚编号。

value：输出的电平，HIGH（高电平）或 LOW（低电平）。

digitalWrite( ) 函数使用前必须先用 pinMode( ) 将对应引脚设置为输出引脚。

3. digitalRead( )

功能：读取指定的输入引脚的电平，HIGH 或 LOW。

语法：digitalRead(pin)。

参数：

pin：指定设置的输入引脚编号。

返回值：当指定输入引脚为低电平时，返回值为 LOW，当指定输入引脚为高电平时，返回值为 HIGH。

digitalRead( ) 函数使用前必须先用 pinMode( ) 将对应引脚设置为输入引脚。

digitalRead( ) 函数通常配合 if 语句使用，例如判断 2 号引脚对地接的开关有没有按下时可用语句 if(digitalRead(2) == LOW) 来判断。

4.1.2　实验项目 1：LED 流水灯

　　在第 1 章和第 2 章中我们接触过用 Arduino 控制 LED 的例子，下面再讲一个 LED 流水灯的实例。电路工作时 6 个 LED 一个接一个闪烁，这几乎是所有学单片机的人接触的第一个实例。

1. 实验电路图

电路图如图 4-2 所示。D2 ~ D7（即数字引脚 2 ~ 7）通过限流电阻推动 6 个 LED，大家注意到没有用 D0、D1，这是因为这两个端口在同计算机通信时要使用，所以在端口够用的情况下一般不用它们。

2. 实验器材

本实验所需的器材见表 4-1。

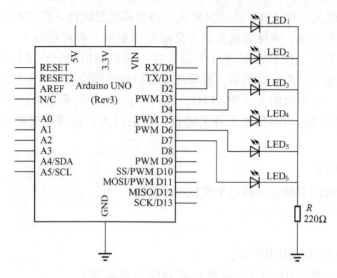

图 4-2　实验项目 1 电路图

表 4-1　实验所需的器材

序　号	名　　称	标　　号	规格型号	数　量
1	Arduino 控制器		Arduino UNO	1
2	电阻	$R_1 \sim R_6$	220 Ω 1/4 W	6
3	发光二极管	$LED_1 \sim LED_6$	φ5 mm 红色	6
4	面包板			1
5	面包板连线			若干

3. 实验接线图

为了方便，实验使用面包板搭建电路，连线图如图 4-3 所示，对应实物图如图 4-4 所示。

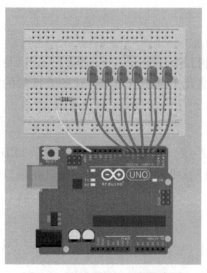

图 4-3　实验项目 1 面包板布局

图 4-4　实验项目 1 实物图

4. 程序设计

要求每个 LED 点亮 1 s 后熄灭。在引脚的初始化和点亮 LED 都使用了 for 语句，使程序变得很简洁。所使用的延时函数见后面 4.4 节的介绍。

程序代码如下：

```
void setup( )
{
    //设置引脚 2 ~ 7 为输出模式
    for (int i = 2; i < 8; i ++)
        pinMode (i, OUTPUT);
}

void loop( )
{
    //依次点亮 LED 1 秒钟
    for (int i = 2; i < 8; i ++)
    {
        digitalWrite (i, HIGH);
        delay (1000);
        digitalWrite (i, LOW);
    }
}
```

打开 Arduino IDE，输入上述代码，保存文件，取名"ex4 – 1"，保存结束后我们会发现在保存的地方新建了一个文件夹"ex4 – 1"，文件"ex4 – 1. ino"在文件夹"ex4 – 1"里。这是 Arduino IDE 特有的功能，在保存项目时自动建立一个和文件名同名的文件夹，这样便于项目的管理。

5. 下载与试验

用 USB 线将 Arduino 连接计算机，下载程序后即可看到流水灯的效果了。

读者想一想：如果要改变流水灯的方向，程序该如何改动？

学习到这里，我们再回过头看看第 1 章开始按键控制 LED 的例子就容易理解了，读者现在可以做一下那几个试验，这里就不重复了。

4.2　模拟 I/O 口

模拟信号是指信号幅度的取值是连续的信号，声音、温度、速度等都是模拟信号，图 4-5 所示就是模拟信号的波形。模拟信号可以数字化，比如 CD 音乐光盘就是把声音模拟转化成数字信号（光盘只能用有坑和无坑分别表示数字 1 和 0），播放时又把数字信号转化成模拟信号。在 Arduino 中模拟信号可以是 0 到 5 V 之间的任何一个值，而不象数字信号只有高电平（5 V）和低电平（0 V）两种选择。

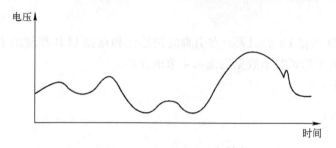

图 4-5　模拟信号波形

在 Arduino 用的 AVR 单片机引脚中，有些引脚输入端同时具有另一功能：模数转换（Analog – to – Digital Convertor，ADC）功能，它可以将外部输入的模拟信号转换成数字信号供单片机处理。A0 ~ A5 就是 6 个模拟输入引脚。

虽然 Arduino 用的 AVR 单片机中没有将数字信号转换成模拟信号的数模转换（Digital – to – Analog Convertor，DAC）功能，但是可以采用一种脉冲宽度调制（PWM）的方式输出模拟量。

4.2.1　模拟 I/O 函数库

模拟 I/O 函数包括 analogReference( )、analogRead( )、analogWrite( )三个函数。

1. analogReference( )

功能：配置模拟输入的参考电压，这个电压是单片机内部 ADC 转换的基准电压，模拟输入的电压不得高于这个电压。

语法：analogReference(type)。

参数：

type 有三种类型：

DEFAULT：默认值，参考电压为 Arduino 的工作电压，如 5 V 或 3.3 V。取默认值时不需要调用这个函数。

INTERNAL：使用片内基准电压源，对于 AT-mega168 或 ATmega328 为 1.1 V，对于 ATmega8 为 2.56 V。

EXTERNAL：扩展模式，通过 AREF 引脚获取外部的参考电压，AREF 引脚的位置如图 4-6 所示。AREF 引脚输入的电压必须在 0 ~ 5 V 之间。

2. analogRead( )

功能：读取指定的模拟引脚的值。单片机内部 ADC 是 10 位（二进制 10 位）模数转换器，如果取 5 V 的参考电压，当输入电压为 0 ~ 5 V 时将转换成 0 ~ 1023（$2^{10} - 1$）之间的整数值。用这个函数读取

图 4-6　AREF 引脚位置

模拟输入值约需要 100 μs，所以最大的读取速度大约是每秒 10000 次。

语法：analogRead（pin）。

参数：

pin：模拟输入引脚编号。

返回值：0 ~ 1023 的整数。

模拟输入引脚往往用于接模拟传感器，如热敏电阻、光敏电阻等，用 analogRead( ) 函数读取数据。

3. analogWrite( )

功能：从指定的引脚上输出模拟值，但这个模拟值不是你想象的固定电压值（比如 2.5 V），而是脉冲信号，如图 4-7 所示，其中 3、9、10、11 引脚输出的脉冲信号的频率约为 490 Hz，5、6 引脚输出的脉冲信号的频率改为 976 Hz。这种用来替代模拟输出的脉冲信号称为脉冲宽度调制（PWM）信号，通过调节脉冲信号的占空比（高电平持续时间占整个信号周期的比例），比如占空比 0.5，则可达到输出 $5 \times 0.5 = 2.5$（V）电压的效果。引脚输出的 PWM 信号可以直接用于调节 LED 的亮度或电动机的速度，如果要得到真正的模拟输出电压，必须增加 LC 或 RC 滤波电路。

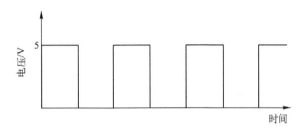

图 4-7　输出的脉冲信号

语法：analogWrite(pin,value)

参数：

pin：模拟输出（PWM）引脚编号，这种引脚带有"~"标识，如图 4-8 所示。对于 Arduino UNO，具有这一功能的引脚是 3、5、6、9、10、11。

图 4-8　模拟输出（PWM）引脚

value：反映输出脉冲信号占空比的大小，取值范围：0 ~ 255。对应占空比的值为 value/255，电压值为 value/255 × 5。

函数 analogRead( ) 和 analogWrite( ) 在使用前不需要用 pinMode( ) 为其配置引脚的输入、输出模式。但有一点要特别注意：如果在使用 analogRead( ) 前程序中已经将引脚设置为输出引脚，则必须恢复成输入引脚才能使用 analogRead( )。

4.2.2 实验项目2：温控电风扇

这个实验是用 Arduino 控制电风扇的工作，当气温达到某一设定值时它打开风扇为用户送来凉风；气温下降以后就停止工作，避免用户受凉。在实验中我们可以学会读取模拟量输入值函数 analogRead( ) 的使用方法。

1. 实验电路图

实验项目2 电路图如图 4-9 所示。

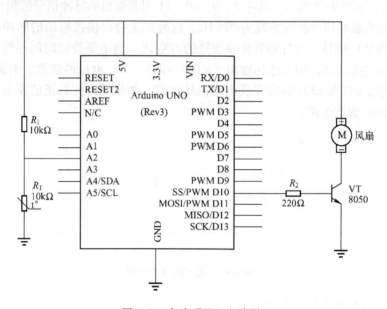

图4-9 实验项目2 电路图

温控电风扇就是根据温度高低控制电风扇的开关，温度高于某一预设值打开电风扇，低于这个值时关闭电风扇。因为本实验对温度的精度要求不高，也不需要传感器有很好的线性，所以选择普通的热敏电阻作温度传感器。热敏电阻属于半导体器件，按照温度系数不同分为正温度系数热敏电阻（PTC）和负温度系数热敏电阻（NTC）。热敏电阻对温度敏感，其电阻值随着温度的改变而改变。正温度系数的热敏电阻在温度越高时电阻值越大，负温度系数的热敏电阻在温度越高时电阻值越小。图 4-9 中 R_T 采用的是负温度系数的热敏电阻，和 R_1 串联组成电压分压电路，温度越高时分压电路输出到 A0 端的电压越小，Arduino 会根据模数转换后的数值判断是否要开启电风扇。

电风扇使用 USB 风扇，它的工作电压为 5 V，工作电流约为 500 mA，因此 Arduino 的输出端口无法直接驱动，要用三极管 VT 作开关，当 D10 输出高电平时，因电阻 R_2 阻值较小，VT 的基极电流比较大，经 VT 放大后使其导通饱和，集电极和发射板之间的电压降只有 0.4 V 左右，相当于一个开关，当 VT 导通饱和时风扇开始转动。晶体管基极接的电阻 R_2 是起限流作用的，因为晶体管有放大能力，不需要太大的基极电流，如果不接限流电阻，晶体管的基极就把 Arduino 的输出引脚对地短路，容易造成其损坏。风扇最好使用一个单独的电源，以免在调试时加重对计算机 USB 接口的供电负担。

2. 实验器材

本实验所需的器材见表 4-2。

表 4-2　实验所需的器材

序　号	名　　称	标　号	规格型号	数　量
1	Arduino 控制器		Arduino UNO	1
2	电阻	R_1	10 kΩ 1/4 W	1
3	电阻	R_2	220 Ω 1/4 W	1
4	热敏电阻	R_T	NTC – MF52AT 10 kΩ	1
5	晶体管	VT	8050	1
6	电风扇		USB 风扇	1
7	面包板			1

热敏电阻没有严格的要求，只要是 NTC 型的就行，参数不同可能通过改变 R_1 的阻值和在程序中调整参数解决。

3. 实验接线图

实验项目 2 面包板布局图如图 4-10 所示，实验项目 2 实物接线图如图 4-11 所示。

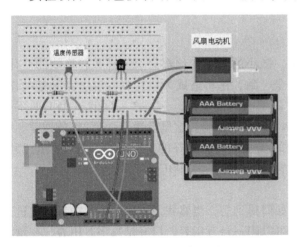

图 4-10　实验项目 2 面包板布局

图 4-11　实验项目 2 实物接线图

4. 程序设计

程序代码如下：

```
int RT = A2;
int fan = 10;
void setup( )
{
    pinMode（fan，OUTPUT）;
}

void loop( )
```

```
    {
        int temp = analogRead（RT）;        // 读取传感器模拟值
        if（temp < 500）                    // 500 是开启风扇对应的温度参数
            digitalWrite（fan，HIGH）;
        else if（temp < 490）               // 490 是关闭风扇对应的温度参数
            digitalWrite（fan，LOW）;
        delay（1000）;
    }
```

程序中 500 是设定温度对应的模数转换值，可以在试验过程中确定，读者可能会问：为什么还要用一个 490 作参数呢？将 loop( ) 函数写成下面的形式不行吗？

```
    void loop( )
    {
        int temp = analogRead(RT);
        if( temp < 500）
            digitalWrite( fan,HIGH);
        else
            digitalWrite( fan,LOW);
        delay(1000);
    }
```

假如温度为 25℃时的模数转换值为 500，微小的温度变化都会引起模数转换值的变化，即使不变，也不能保证每次的模数转换值完全一致，这将造成风扇在临界温度点频繁动作，怎么解决这一问题呢？我们可以在温度达到 25℃时打开风扇，但是在温度低于 25℃时不关闭风扇，而是等到温度低于 24.5℃（25 ×98% ）再关闭风扇。这里设置了一个 2% 的回差，可以避免频繁动作。因为热敏电阻在小范围内的线性还是比较好的，所以我们可以根据 25℃对应的模数转换值为 500，算出 24.5℃对应的模数转换值为 500(1 − 2%) = 490。

5. 下载与试验

在下载程序前我们先说程序中的参数是如何得到的，当然我们可以用不同的参数代进去看实际效果，但这样要花较长的时间。我们可以用一台万用表，最好是数字万用表，在预设温度点测量 R_1、R_T 分压输出点的对地电压，例如测量电压为 2.45 V，则可计算出对应程序中的参数为 2.45/5 ×1023 ≈ 501，再计算得关闭风扇的参数为 501 ×0.98 ≈ 490。等下一节学习串口通信后我们可以通过串口来获取这一参数。

把实际测量计算出的数据代入程序，再将程序下载到 Arduino 中，设法升高和降低温度就可以看到风扇的运行效果了。

4.2.3　实验项目 3：调光 LED 台灯

用白炽灯做光源的调光台灯均使用可控硅调节灯泡的亮度，因为白炽灯的发光效率极低，所以这种台灯已经被淘汰了。后来用节能灯管做的台灯，因受节能灯管工作原理所限，很难实现调光功能。现在 LED 得到了广泛的使用，用 LED 做的台灯可以调光。在这个实验中用 analogWrite( ) 函数调节 LED 的亮度，亮度的大小用两个按钮控制。

1. 实验电路图

实验项目 3 电路图如图 4-12 所示。开关 S_1 用于增加亮度，S_2 用于减小亮度，它们的作用是调节 9 脚输出 PWM 脉冲信号的占空比。脉冲信号通过晶体管 VT 推动 LED 发光，占空比大时 VT 的集电极电流就大，LED 发光强度就大；反之 LED 发光强度就小。例如 LED 通电时的工作电流为 300 mA，如果输出脉冲的占空比为 0.5，则它的平均工作电流就是 150 mA，亮度约为最大亮度时的一半。

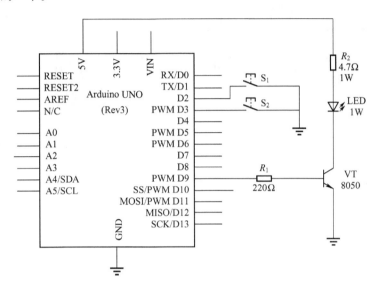

图 4-12 实验项目 3 电路图

2. 实验器材

本实验所需的器材见表 4-3。

表 4-3 实验所需的器材

序 号	名 称	标 号	规 格 型 号	数 量
1	Arduino 控制器		Arduino UNO	1
2	电阻	R1	220 Ω 1/4 W	1
3	电阻	R2	4.7 Ω 1 W	1
4	晶体管	VT	8050	1
5	发光二极管	LED	1 W，电压（VF）：3.15 ~ 3.4 V，电流（IF）：350 mA	1
6	面包板			1

R_2 是 LED 的限流电阻，使得 LED 的电流不超过它的最大工作电流，不然就会烧毁。下面说一下 R_2 阻值的计算方法，这里选的大功率 LED 工作电压约为 3.2 V，最大工作电流为 350 mA，取工作电流为 300 mA，由于 R_2、LED 和 VT 是串联电路，因此 R_2 上的电压是 5 V 电源电压减去 LED 工作电压和 VT 的饱和电压（约 0.4 V），电阻通过的电流为 0.3 A，所以电阻值为

$$(5 - 3.2 - 0.4)/0.3 \approx 4.67(\Omega)$$

取标称值 4.7 Ω。

3. 实验接线图

实验项目 3 面包板布局如图 4-13 所示，实物图如图 4-14 所示。

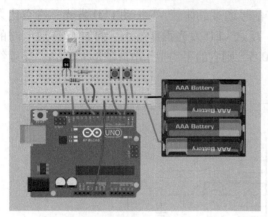

图 4-13　实验项目 3 面包板布局

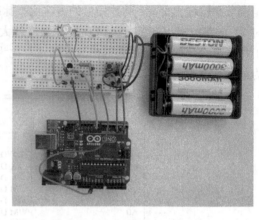

图 4-14　实验项目 3 实物图

4. 程序设计

程序主要由键盘扫描、占空比设置和 PWM 输出三部分组成，程序的流程图如图 4-15 所示。

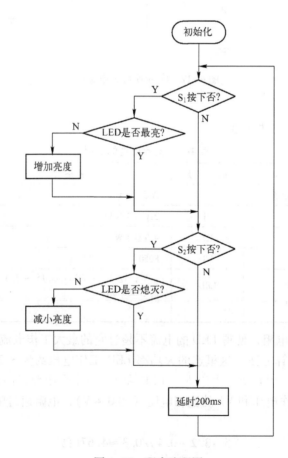

图 4-15　程序流程图

程序代码如下：

```
int S1 = 2;
int S2 = 3;
int LED = 9;
int n = 123;
void setup ( )
{
    pinMode(S1,INPUT_PULLUP); //设置引脚为输入引脚,使用内部上拉电阻
    pinMode(S2,INPUT_PULLUP);
}

void loop( )
{
    //增加亮度
    if ( digitalRead( S1 ) == LOW)     //判断 S1 是否按下
{
    n = n + 5;                         //每次增加 5
    if ( n >= 255)                     //限定最大值为 255
        n = 255;
    }
    //减少亮度
    if( digitalRead( S2 ) == LOW)      //判断 S2 是否按下
    {
    n = n - 5;                         //每次减小 5
    if ( n <= 0)                       //限定最小值为 0
        n = 0;
    }
    analogWrite( LED,n );              //使用 PWM 控制 9 脚输出
  delay (200);
  }
```

关于程序的几点说明：

1）程序 if 语句中又包含了 if 语句，称为 if 语句的嵌套，这里嵌套的两个 if 语句是为防止参数 n 超出 0~255 范围。

2）语句 "delay(200);" 是为防止按下按键不放时参数 n 变化太快，因为 loop( ) 就是循环函数，会反复执行 if 语句，加了 "delay(200);" 后延时 200 ms 循环一次，这样的值每秒钟最多增加或减少 25。

5. 下载与试验

下载完程序后 LED 应处于中等亮度工作，尝试按一下 S_1 或 S_2，看看亮度有没有相应的变化，如果感觉改变速度不符合自己的要求，可改变程序中 n 的变化速度（修改 n = n + 5 和 n = n - 5）或修改延时函数的时间参数。

玩转 Arduino 电子制作

4.2.4 实验项目 4：自我控制 LED 夜灯

前面我们说过，模拟输入引脚 A0 ~ A5 也可以作数字 I/O 口使用，其实它们在单片机中的第一功能是数字 I/O 口。下面做的这个实验就是把一个模拟输入端口既当模拟输入端口用也当数字输出端口用。更有趣的是把 LED 当发光二极管用的同时又当光敏传感器用，LED 怎么可能当光敏传感器用呢？读者接着往下看就明白了。

我们知道光电池是半导体器件，由 PN 结构成，当这个 PN 受到光照后就会产生电流，这种现象称为光电效应。一些大功率晶体管、二极管只要把外壳去掉就可以当光电池用。LED 也是由一个半导体 PN 结组成的，而且封装是透明的，但是所用的半导体材料和光电池的不一样，是不是也具有光电效应呢？作者做了一个试验，把 1 只 4.7 Ω 的电阻和 LED 并联，即电阻作 LED 的负载，然后用数字万用表直流电压挡测量 LED 在光照下的输出电压，接线如图 4-16 所示，测量了红、绿、白三种 φ5 mm 的

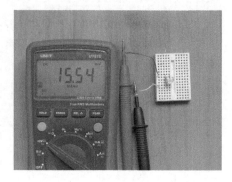

图 4-16　测量 LED 在光照下的输出电压

LED，结果发现它们在稍强的室内光线下输出的电压依次为：33.2 mV、178 mV、15.5 mV。因为白色的适合照明，所以选用白色的做实验。

1. 实验电路图

电路图非常简单，实验项目 4 电路图如图 4-17 所示，除了控制板只有 3 个元件。

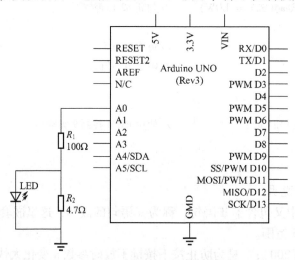

图 4-17　实验项目 4 电路图

当 A0 作模拟输入端口用时，LED 作光电池用，R_2 是它的负载，这时 Arduino 测量 LED 的电压模拟量，据此作出对光线强弱的判断；当 A0 作数字输出端口用时，Arduino 根据先前的判断确定是否输出高电平点亮 LED。R_1 是 LED 的限流电阻，在测量光电电压时又连接了 A0 输入端。

2. 实验器材

本实验所需的器材见表4-4。

表4-4 实验所需的器材

序 号	名 称	标 号	规 格 型 号	数 量
1	Arduino 控制器		Arduino UNO	1
2	电阻	R_1	220 Ω 1/4 W	1
3	电阻	R_2	4.7 Ω 1/4 W	1
4	发光二极管	LED	φ5 mm 白色	1
5	面包板			1

3. 实验接线图

面包板布局如图4-18所示。

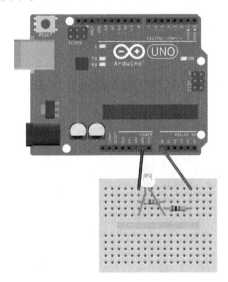

图4-18 实验项目4面包板布局

4. 程序设计

程序代码如下：

```
int temp = 10;    //光线强度预设值
void setup( )
{
    analogReference(INTERNAL);    //使用片内1.1 V基准电压,提高ADC灵敏度
}

void loop( )
{
    if (analogRead(A0) < temp)    //判断光线强度是否低于设定值
    {
```

```
    pinMode( A0 ,OUTPUT);          //将 A0 配置为数字输出端口
    digitalWrite( A0,HIGH );       //点亮 LED
    delay(500);                    //延时 500 ms,作为 LED 点亮后检测光线强度的间隔时间
    pinMode( A0,INPUT);            //将 A0 配置为输入端口,LED 熄灭作光电池用
    temp = 15;                     //和下面的 temp = 10 配对使用,利用回差避免频繁动作
}
else
    temp = 10;
}
```

程序虽短，但设计很巧妙，代码已经加了详细的注解，读者可以仔细地品味一下。

A0 的默认状态是作模拟输入用，用于检测环境光。在光线强度高于预设值前，LED 熄灭作光电池用，此时不间断检测光照强度；当光线强度低于预设值时，A0 转换为数字输出脚，输出高电平，LED 点亮，此后每隔 500 ms 将 A0 转换为输入接口，LED 熄灭作光电池用于检测光线强度，由于检测的时间只有 100 μs（0.1 ms），人是看不出 LED 是否熄灭。直到检测到的光线变强后 LED 才会重新进入熄灭状态。

5. 下载与试验

下载程序后，放到光线强度能使 LED 熄灭的地方，这时用手挡一下光线，LED 就被点亮了，如图 4-19 所示。

图 4-19 挡光试验

在使用过程中可以根据不同 LED 作光电池时灵敏度的不同对参数 temp 作适当的调整。

这个实验让我们体验到了一个器件既作输出设备又作输入设备的情况，依据这一实例能不能想到其他的一些应用呢？其实这样的例子早就有了，有一种恒温电烙铁就是根据这一原理制作的，电烙铁的电阻丝随着温度的升高阻值会有所增加，因而电流减小，通过检测这一电流就能知道温度的大小，从而控制温度。

4.3 串口通信

单片机通信有并行和串行两种方式，Arduino 控制器和计算机的通信采用串行方式，两块 Arduino 板之间也往往采用串行通信。

那么什么是串行通信呢？举一个简单的例子，两个人对话就是在进行串行通信，当其中

说话的人嘴巴发的音是根据讲话内容一个字一个字逐个发出的，听的人听完一句话后经大脑处理就明白整体的意思了，这里有两个端口，发射端口（嘴巴）和接收端口（耳朵）。相应地，Arduino 的串行通信是将字节分成一位一位的形式，在一条传输线上逐个地发送，一个字节的数据要分为 8 位才能传递完成，在收到 8 位后再恢复成一个字节，如图 4-20 所示。

图 4-20　串口通信信号传输

从图 4-20 可以看出，数据是分为一帧一帧地传送的，其每帧的起始位为 "0"，然后是 8 位二进制数据，规定低位在前，高位在后，接下来是奇偶校验位（可省略），最后一位是停止位 "1"。在串口通信中，数据传递的速度用波特率表示。在 Arduino IDE 的 "串口监视窗口" 就有不同的波特率供选择，选择时应注意和程序中设置的波特率保持一致，不然无法进行正常的串口通信。

Arduino 要实现串行通信，只要有两个端口，简称为串口，接收端口为 RX（0 号引脚），发射端口 TX（1 号引脚）。由于现在计算机已经没有串口了，所以在 Arduino 控制器上有一个 USB 转串口的芯片，这个芯片同两个串口引脚 RT、TX 相连，再通过 USB 连线和计算机连接，在计算机上虚拟一个串口和 Arduino 通信，这就相当于计算机有一个串口和 Arduino 串口通信了。

串口的通信过程是比较复杂的，我们不需要仔细去了解它的通信协议，只要会使用 Arduino 提供的现有函数就行了。

4.3.1　串口函数库

串口函数比较多，下面我们介绍最常用的几种。

1. Serial. begin( )

功能：串口通信初始化。

语法：Serial. begin(speed)。

参数：

speed：波特率。

波特率是反映串口通信速度的参数，它表示每秒传送的二进制数据的位数（bit），单位是 bps（位/秒），例如波特率为 1200 bit/s 表示每秒发送 1200 bit 的数据通信，Arduino 和计算机波特率相同时才能正常通信。Arduino 使用的波特率可以在下列数据中选择：300、600、1200、2400、4800、9600、14400、19200、28800、38400、57600 和 115200，通常使用最多的波特率是 9600 bit/s。

2. Serial. available( )

功能：获取串行缓冲区中收到的数据字节数。

语法：Serial. available( )。

参数：无。

返回值：可读取的字节数。

这个函数一般用来判断串行缓冲区中是否有数据，如果有数据再读取。常用 if(Serial. available( )) 或 if(Serial. available( ) > 0) 来判断。

3. Serial. read( )

功能：从串口缓冲区读取一个字节的数据。

语法：Serial. read( )。

返回值：串口读取的数据。

例如：

> a = Serial. read( );

则将读取的串口数据赋值给了变量 a。

3. Serial. print( ) 和 Serial. println( )

功能：向计算机或其他串口接收设备发送数据。

语法：Serial. print (val)：

Serial. println (val)

参数：

val：需要输出的数据，可以是任何类型。

注意 Serial. print( ) 和 Serial. println( ) 发送的数据是 ASCII 码。

Serial. print( ) 和 Serial. println( ) 的区别是：Serial. println( ) 在输出完指定数据后，再输出回车换行符，这样在 Arduino IDE 串口监视器中显示数据后会另起一行显示后面收到的数据。

下面举一个将接收到的数据再发送的例子，先将下列程序代码下载到 Arduino 中。

```
void setup( )
{
    Serial. begin( 9600) ;
}

void loop( )
{
    if ( Serial. available( ))
    {
        char inByte = Serial. read( ) ;
        Serial. print( inByte) ;
    }
}
```

然后打开串口监视器，在右下角的下拉菜单中选择波特率为 9600 bit/s，在发送区填入："Hellow Arduino!"，单击"发送"按钮，在接收区你就会发现 Arduino 在收到信息后发回给计算机了，如图 4-21 所示。

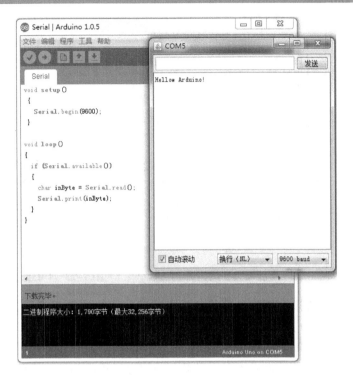

图 4-21　发送数据信息

试着把

　　char inByte = Serial. read( ) ;

改成

　　int inByte = Serial. read( ) ;

重新下载程序后看看有什么变化，想一想为什么会发生这些变化？

4.3.2　实验项目 5：数字温度计

　　数字温度计用温度传感器将温度转化为电信号，输出到 Arduino 的模拟输入引脚，转换成数字信号后再进行计算处理，最后通过串口发送到计算机，在 Arduino IDE 的串口监视窗口中显示测量温度。

1. 实验电路图

　　电路如图 4-22 所示，除 Arduino 外就用了一个 LM35 元件。

　　LM35 是精密集成电路温度传感器，其输出的电压与摄氏温度成正比。生产时已进行校准，精度为 0.5℃（在 25℃），使用极为方便。LM35 有多种封闭形式，其中塑封的 LM35 如图 4-23 所示，它有 3 个引脚，引脚 1 为电源正极，引脚 2 为输出端，引脚 3 为接地（GND）。

　　LM35 的灵敏度为 10.0 mV/℃，温度为 0℃，输出电压为 0 V，温度每升高 1℃，输出电压增加 10 mV（0.1 V），因此当温度为 n℃时输出电压为 n×0.01 V。

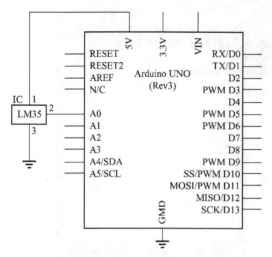

图4-22　实验项目5电路图　　　　　　图4-23　LM35 温度传感器

LM35 的输出端是模拟电压，必须将其转换成数字才能计算温度值，将其输出端与 Arduino 的模拟输入端口 A0 连接就可以实现这一转换。例如当环境温度为 25℃时，LM45 的输出的电压为 $0 + 25 \times 0.01 V = 0.25 V$，当模数转换参考电压取 5 V 时，端口 A0 读取的数值为 $(0.25/5) \times 1023 \approx 51$。根据 A0 读取的数值我们就可以计算出环境温度值。

2. 实验接线图

实验项目 5 面包板布局如图 4-24 所示，实物连接图如图 4-25 所示。

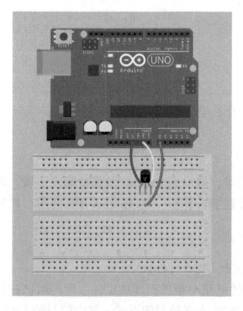

图4-24　实验项目5面包板布局　　　　　图4-25　实验项目5实物连接图

3. 程序设计

程序代码如下：

```
int LM35 = A0;
```

```
void setup( )
{
    //初始化串口通信
    Serial. begin(9600);
}

void loop( )
{
    // 读取传感器模拟值,并计算出温度
    float temp = 5.0 * analogRead(LM35) / 1023;//计算 LM35 输出的电压值
    temp = temp/0.01;  //计算温度
    //将温度输出至串口显示
    Serial. print("temperature");
    Serial. print(temp);
    Serial. println("C");
    delay(1000);//等待 1 秒刷新温度
}
```

4. 下载与试验

下载程序到 Arduino，打开串口监视窗口，就可以看到环境温度值了，如图 4−26
所示。

图 4−26　显示环境温度值

程序中的公式：

temp = 5.0 * analogRead(LM35) / 1023

公式中将 5 写成了 5.0，和用 5 有什么不一样吗？读者可以将 5.0 改回 5 试一下，看看
是什么结果，再想想为什么会是这样的结果。

4.3.3　实验项目 6：用串口控制电源开关

这个实验通过在 Arduino IDE 串口监视窗口中发送数据控制 Arduino 数字输出端口的状态，从而实现用计算机控制电源开关，比如控制电源接线板的开关。

1. 实验电路图

实验项目 6 电路图如图 4-27 所示。SSR-10 是固态继电器，其内部结构如图 4-28 所示。固态继电器是由电子元件组成具有继电器特性的无触点开关器件，可代替普通继电器。单相 SSR 为四端有源器件，其中有两个输入控制端、两个输出端，输入和输出间为光隔离，起到电绝缘的作用，使得输出端的强电不会传输到输入端。在输入端加上一定值的直流控制电流，输出端就能从断态转变成通态，起到电源开关的作用。SSR-10 的主要参数为：控制电压 DC 3～32 V、控制电流 10～68 mA、负载电压 24～380 V、负载电流 10 A。

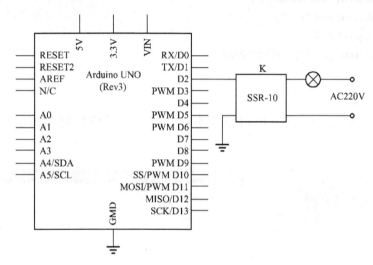

图 4-27　实验项目 6 电路图

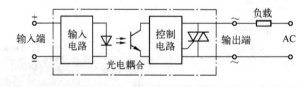

图 4-28　固态继电器内部结构

2. 实验接线图

实验项目 6 实物接线图如图 4-29 所示，图中用一个电灯泡作负载。

3. 程序设计

程序代码如下：

```
int power = 2;
void setup()
{
```

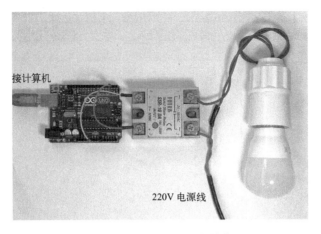

图 4-29 实验项目 6 实物接线图

```
    Serial. begin(9600); //初始化串口
    pinMode(power,OUTPUT);
}


void loop()
{
if(Serial. available()) // 如果缓冲区中有数据,则读取并输出
  {
    char k = Serial. read();
    if(k =='1')   //如果接收到1,开电源
    {
      digitalWrite(power,HIGH);
      Serial. println("power on");
    }
    else if(k =='0')   //如果接收到0,关电源
    {
      digitalWrite(power,LOW);
      Serial. println("power off");
    }
  }
}
```

4. 下载与试验

下载程序到 Arduino,打开串口监视窗口,发送数据 1,电源被打开,灯泡点亮,同时发现接收区收到"power on",显示电源状态为开;发送数据 0,电源被关闭,灯泡熄灭,同时发现接收区收到"power off",显示电源状态为关。串口监视窗口如图 4-30所示。

如果在这个实例中增加一个串口蓝牙,和 Arduino 的串口连接,在手机上装一个串蓝牙的 APP,就可以用手机控制电源的开关了,且上述程序不需要作任何改动。

图 4-30　串口监视窗口

　　这个实例输出端接了 220 V 电源，做试验要注意安全，最好把固态继电器装在一个绝缘的小盒内再接通 220 V 电源。

4.4　时间函数

4.4.1　时间函数库

1. millis( )

功能：获取 Arduino 开始运行到现在的时间，单位为毫秒。

语法：millis( )。

参数：无。

返回值：unsigned long 类型，大约 50 天后数字溢出（归零）。

下载下列程序到 Ardino，可以在串口监视窗口中显示系统运行时间。

```
unsigned long time;
void setup( )
{
    Serial. begin(9600);
}

void loop( )
```

```
{
    Serial. print("Time：")；
    time = millis()；
    Serial. println(time)；            //输出系统运行时间
    delay(1000)；                      //等待1秒钟,避免大量发送数据
}
```

2. micros( )

功能：获取 Arduino 开始运行到现在的时间，单位为微秒。

语法：micros( )。

参数：无。

返回值：unsigned long 类型，大约 70 min 后数字溢出。

3. delay( )

功能：延时函数，执行延时函数时会暂停其他程序运行，延时单位为毫秒。

语法：delay(ms)。

参数：

ms：unsigned long 类型，设置延时时间，单位为毫秒。

我们在前面介绍的程序中已经多次使用 delay( )函数。

4. delayMicroseconds( )

功能：延时函数，执行延时函数时会暂停其他程序运行，延时单位为微秒。

语法：delayMicroseconds(μs)。

参数：

μs：unsigned int 类型，设置延时时间，单位为微秒。

4.4.2　实验项目 7：倒计时提醒器

我们可能都有过这样的经历：在烧菜的时候离开一会儿去做其他事情，比如上网，等你闻到焦味的时候才记起锅里有菜在烧，但为时已晚，菜烧糊了。如果有一个倒计时提醒器，在你离开的时候设置一下时间，到时发出报警声提醒你则可避免上述情况发生。当然它的作用不仅仅是用于烧菜，还可以有答辩、会议发言提醒计时等作用。本实验就是用 Arduino 做一个这样的计时器，计时器用一位数码管显示剩余时间，倒计时时间调节范围为 1 ~ 15 min，用有源蜂鸣器作报警器。

1. 实验电路图

实验项目 7 电路图如图 4-31 所示。电路中 S_1、S_2 为预设时间设置电路开关，按 S_1 时间增加，按 S_2 时间减小。用 7 段 LED 数码管显示时间，采用十六进制，可显示字符 0、1、2、3、4、5、6、7、8、9、A、B、C、D、E、F 这 16 个数字。BZ 是有源蜂鸣器，其内部有音频振荡器，只要加上 5 V 直流电压就能发出声音。

2. 实验器材

本实验所需的器材见表 4-5。

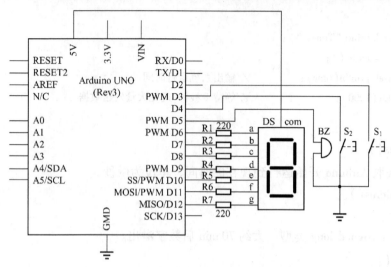

图 4-31　实验项目 7 电路图

表 4-5　实验所需的器材

序　号	名　称	标　号	规格型号	数　量
1	Arduino 控制器		Arduino UNO	1
2	电阻	$R_1 \sim R_7$	220 Ω 1/4 W	7
3	共阳数码管		1 位 5161BS 0.56 寸	1
4	开关	S_1、S_2		2
5	有源蜂鸣器	BZ	5V 电磁式 电流 < 25 mA	1
6	面包板			1

3. 实验接线图

实验项目 7 面包板布局如图 4-32 所示，实物连接图如图 4-33 所示。

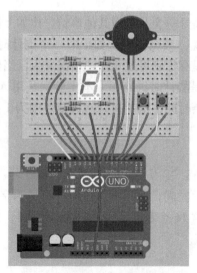

图 4-32　实验项目 7 面包板布局

图 4-33　实验项目 7 实物连接图

4. 程序设计

驱动数码管显示是程序的一个难点，我们先学习一下数码管的显示原理和驱动方法。

一位的 7 段 LED 数码管如图 4-34 所示。7 段 LED 数码管由 a ~ g 7 个字段和一个 dp（小数点）组成，内部对应有 8 个 LED，如图 4-35a 所示。8 个 LED 有公共端，根据公共端的极性不同可分为共阳极（如图 4-35b）和共阴极（如图 4-35c）两种。在电路中共阳极数码管的公共端 com 接电源正，共阴极数码管的公共端 com 接电源负（地）。

图 4-34　7 段 LED 数码管

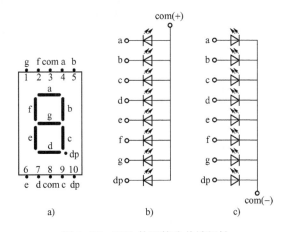

图 4-35　LED 数码管公共端极性

本实验使用的是共阳数码管，因为用不到小数点，所以 dp 端没有接。Arduino 的 6 ~ 12 脚分别接数码管的 a ~ g，a ~ g 称为数字的字段。如果想要显示 8 字，可以让 6 ~ 12 端全部输出低电平，如果要显示 1 字，我们让 Arduino 的 7、8 脚输出低电平外，其余全部输出高电平。这样想显示几，就给对应字段 LED 输送低电平。

下面我们先编写一个显示数字 5 的程序，以加深对显示原理的理解，程序代码如下：

```
void setup( )
{
//设置6~12脚为输出引脚,输出高电平,数码管熄灭
for( int i = 6 ; i < 13 ; i + + )
{
    pinMode( i , OUTPUT ) ;
    digitalWrite( i , HIGH ) ;
}
}

void loop( )
{
//显示数字5
```

```
digitalWrite(6,HIGH);              //显示字段 a
digitalWrite(8,HIGH);              //显示字段 c
digitalWrite(9,HIGH);              //显示字段 d
digitalWrite(11,HIGH);             //显示字段 f
digitalWrite(12,HIGH);             //显示字段 g
delay(1000);                       //1 s 刷新一次数据
}
```

这段程序由引脚初始化、显示数字 5 等部分组成，层次很清楚，比较容易理解。但有两个地方有待改进。

一是程序中初始化时使用了 for 语句，虽然使程序简洁，但是如果用的不是 6 ~ 12 连续的引脚，比如用 2、3、4、9、10、11、12 引脚，for 语句就不能用了，只得一个一个地进行设置，这时候有没有方法解决呢？我们可以用数组来解决这一问题，把引脚编号作为数组的元素，用数组连续的下标映射数组的元素。例如：

LEDPin [ ] = {2,3,4,9,10,11,12}

因为数组的下标是连续的数，所以就可以用 for 语句了，方法是把上述的

```
pinMode(i,OUTPUT);
digitalWrite(i,HIGH);
```

修改为

```
pinMode(LEDPin [i],OUTPUT);
digitalWrite(LEDPin [i],HIGH);
```

就可以了。

二是显示数字没有统一的代码，要显示 16 个数字必须写 16 段代码，显然不方便。为了解决这一问题，我们给 0 ~ F 16 个数字每个数字对应的字段进行编码，要显示哪个数字的时候只要把它的编码送数码管的阴极就行了，这种编码称为字形编码。编码的方法是让字段 a ~ g 分别对应二进制数的 7 个位，列出各字段电平与显示数字的对应关系，高电平用 "1" 表示，低电平用 "0" 表示，这样就可以得到我们所需的字形编码，见表 4-6。

表 4-6　字形编码

显 示 数 字	数码管字段							字 形 编 码
	a	b	c	d	e	f	g	
0	0	0	0	0	0	0	1	0b0000001
1	1	0	0	1	1	1	1	0b1001111
2	0	0	1	0	0	1	0	0b0010010
3	0	0	0	0	1	1	0	0b0000110
4	1	0	0	1	1	0	0	0b1001100
5	0	1	0	0	1	0	0	0b0100100
6	0	1	0	0	0	0	0	0b0100000

（续）

显示数字	数码管字段							字形编码
	a	b	c	d	e	f	g	
7	0	0	0	1	1	1	1	0b0001111
8	0	0	0	0	0	0	0	0b0000000
9	0	0	0	0	1	0	0	0b0000100
A	0	0	0	1	0	0	0	0b0001000
B	1	1	0	0	0	0	0	0b1100000
C	0	1	1	0	0	0	1	0b0110001
D	1	0	0	0	0	1	0	0b1000010
E	0	1	1	0	0	0	0	0b0110000
F	0	1	1	1	0	0	0	0b0111000

说明：表格编码数据前的 0b 表示后面的数是二进制数，如果是十六进制数前面加 0x，十进制数前面不需要加标记。

为了读取一个字形编码的各个位，要使用一个位操作函数 bitRead( )。bitRead( ) 函数的功能是读取一个数的位，一般形式为：

bitRead(x,n)

其中 x 是被读取的数，n 是要读取的位，n = 0 时为最右边的位。

例如：x = 0b1001100，则有：bitRead(x,0) = 0，bitRead(x,1) = 0，bitRead(x,2) = 1，bitRead(x,3) = 1，bitRead(x,4) = 0，bitRead(x,5) = 0，bitRead(x,6) = 1。

如果用 x 代表数字的字形编码，则可用 bitRead( ) 函数读取相关字段的值，这样就可以用 for 语句编写显示数字的程序代码了。

有了上面的基础，我们就能写出完整的程序代码了。

程序代码如下：

```
#definebutton1 3 //用宏定义给3脚指定名称,和 int button1 =3 作用相同
#define button2 4
#define buzzer 5
int time =5;
inttime0;
//引脚编号数组 g -12 f -11 e -10 d -9 c -8 b -7 a -6
byte LEDPin[ ] = { 12,11,10,9,8,7,6 };
//字形编码数组
byte LEDCode[ ] = {
0b00000001,//0
0b01001111,//1
0b00010010,//2
0b00000110,//3
0b01001100,//4
0b00100100,//5
```

```
    0b00100000,//6
    0b00001111,//7
    0b00000000,//8
    0b00000100,//9
    0b00001000,//A
    0b01100000,//B
    0b00110001,//C
    0b01000010,//D
    0b00110000,//E
    0b00111000,//F
    };

//按键处理函数
void KEY()
    {
    if(digitalRead(button1) == LOW)          //如果开关 S₁ 按下,增加预设时间
        {
        time ++ ;
        if(time > 0x0F)
            time = 0x0F;
        delay(200);
        }
    if(digitalRead(button2) == LOW)          //如果开关 S₂ 按下,减小预设时间
        {
        time -- ;
        if(time < 1)
            time = 1;
        delay(200);
        }
    }
//数字显示函数
voidLEDShow(int data)
    {
    int i;
    int j;
    int a;
    a = LEDCode[data];                        //取数字 data 字形编码
    for(i = 0;i < 7;i ++ )                     //显示数字 data
        {
        j = bitRead(a,i);
        digitalWrite(LEDPin[i],j);
        }
    }

void setup()
```

```
    {
      for( int i = 0;i < 7;i ++ )
      {
        pinMode(LEDPin[i],OUTPUT);
        digitalWrite(LEDPin[i],HIGH);
      }
      pinMode(button1,INPUT_PULLUP);
      pinMode(button2,INPUT_PULLUP);
      pinMode(buzzer,OUTPUT);
      digitalWrite(buzzer,LOW);
      time0 = time;
    }


    void loop()
    {
      KEY();                    //扫描有无按钮按下
      LEDShow(time0);           //显示剩余时间
      if(time0 > 0)
        time0 = time - millis()/60000;      //预设时间减去系统运行时间,实现倒记时
      else   //倒计时结束,报警
      {
        //报警0.5 s
        digitalWrite(buzzer,HIGH);
        delay(500);
        //停止0.5 s
        digitalWrite(buzzer,LOW);
        delay(500);
      }
    }
```

　　这个程序是我们到目前为止所学的最复杂的一个程序，它不仅有 setup() 和 loop() 两个函数，还有自定义的函数 KEY() 和 LEDShow()。自定义函数也称子函数。使用自定义函数有两个好处：一是通过自定义函数把有些功能模块化了，这样设计的程序可读性强；二是对于反复使用的代码封装成函数后，在需要的时候就调用它，简化了程序，使程序更加清晰明了。根据 C 语言的要求，子函数在调用前必须声明或者把子函数写在调用它的函数前面，在 Arduino 语言中笔者做了试验，没有这一要求，但是我们还是养成把它写在调用它的函数前面的习惯，这里函数 KEY() 和 LEDShow() 就写在函数 setup() 和 loop() 的前面。

　　简要介绍一下函数的定义方法，定义无参数函数的一般形式为：

```
    类型名 函数名()
    {
        函数体
    }
```

定义有参数函数的一般形式为：

```
类型名 函数名(形式参数表列)
{
    函数体
}
```

形式参数即函数的自变量。

函数 KEY( )没有参数，也没有返回值，调用它就是检查按键有没有被按下，如果按了就作相应的处理，增加或减小预设时间。

函数 LEDShow( )有参数，没有返回值，其形式为：

LEDShow(data);

形式参数 data 为要显示的数，例如要显示 5，只要这样调用即可：

LEDShow(5);

程序有详细的注解，读者可认真研读一下。

5. 下载与试验

下载完程序后，我们看到的初始时间为 5 min，按 S_1 和 S_2 可以设置你需要的时间，当时间显示为零时开始报警。程序中没有对报警声的时间作限制，如果想过了一定时间后停止报警，就要添加相关的代码。

4.4.3 实验项目 8：会眨眼的小猫

这个实验是一个很有趣的制作，用 LED 当玩具小猫的两只眼睛，光敏电阻装在猫的嘴里，当环境光线较亮时 LED 不点亮，当光线强度低于一定值时 LED 开始闪烁，闪烁的频率跟光线强度相关，光线越弱频率越高，当有"食物"靠近小猫嘴巴时眨眼的速度就会加快，因为"食物"把光线挡住了。

1. 实验电路图

实验项目 8 电路图如图 4-36 所示，R_L 是一只光敏电阻，光线越强其阻值越小，和 R_1 组成的分压电路输出给 A0 电压就越大，程序根据电压值的大小确定 LED1、LED2 的闪烁频率。

2. 实验器材

本实验所需的器材见表 4-7。

表 4-7 实验所需的器材

序　号	名　　称	标　号	规格型号	数　量
1	Arduino 控制器		Arduino UNO	1
2	光敏电阻	R_L	5516	1
3	电阻	R_1	10 kΩ 1/4 W	1
4	电阻	R_2	100 Ω 1/4 W	1
5	面包板		面包板	1

光敏电阻 R_L 亮电阻 5～10 kΩ，暗电阻 0.5 Ω，也可以用其他参数的光敏电阻，但 R_1 的参数也要相应跟着变化。

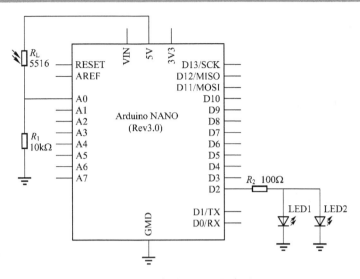

图 4-36　实验项目 8 电路图

3. 实验接线图

接线时注意让两个 LED 和光敏电阻成倒三角形，如图 4-37 所示，画一只猫，让眼睛和嘴巴分别对应 LED 和光敏电阻的位置，将画好的猫放在面包板上，如图 4-38 所示。

图 4-37　实验项目 8 实物连接图　　　　图 4-38　放置卡通猫

4. 程序设计

这个程序主要由光线强度检测和 LED 闪烁两部分组成，LED 闪烁程序中延时函数 delay( ) 的参数跟光线强度相关，从而实现了闪烁频率受光线强度控制的功能。

程序代码如下：

```
int LEDPin = 2;
int RL = A0;
void setup( )
{
  pinMode( LEDPin, OUTPUT);
  digitalWrite( LEDPin, LOW);
}
void loop( )
{
  int t = analogRead( RL);    // 读取传感器模拟值,光线越强值越大
  if ( t < 500)
  {
    digitalWrite( LEDPin, HIGH);
    delay( 100);
    digitalWrite( LEDPin, LOW);
  delay( 100 + t * 5);        //根据光线强度控制延时间隔
  }
}
```

5. 下载与试验

下载程序后,在试验的过程中可适当修改语句"delay(100 + t * 5);",比如改变对应 "100"的值可改变最高显示频率,改变"5"的值可改变光线控制闪烁频率的灵敏度。我们可以把这个实例装入猫咪布娃娃玩偶,做成一个玩具,在玩的同时用此来检测环境光线的强弱。

4.5 中断函数

你在上网的时候听到电话铃声响了,肯定会去接电话,等接完电话后再继续上网。在这件事情中,上网本来是自己安排的事情,而来电话是一件突发事件,事先并不知道什么时候有电话来,电话中断了你正在做的事情,你必须先接完电话再去做原来在做的事情。

同样地,Arduino 也具有和人一样处理随机发生事件的能力,对于 Arduino 来说,当它正在处理某一事件 A 时,发生了另一事件 B(发生中断),请求 Arduino 即时处理,Arduino 暂时放下当前的操作(中断响应),去处理事情 B(中断服务),待将事件 B 处理完后再回到事件 A 之前暂停的位置继续处理事件 A(中断返回),这一过程称为中断。

要使 Arduino 发挥中断功能,我们必须对其进行相关的中断设置。Arduino 最常用的是外部中断,即处理外部突发事件,比如监测某些端口的电平变化。中断设置是通过中断函数完成的。

4.5.1 外部中断端口

外部中断是设置触发外部中断引脚发生的,大部分 Arduino 控制器只有两个控制引脚,常见 Arduino 控制器的中断编号和中断引脚的对应关系见表 4-8。

表 4-8　**Arduino 控制器中断编号和中断引脚的对应关系**

Arduino 型号　　　　　　　中断编号	0	1	2	3	4	5
UNO、nane、mini 等	2	3	—	—	—	—
MEGA	2	3	21	20	19	18
Leonardo	3	2	0	1	7	—

4.5.2　中断函数库

1. interrupts() 和 noInterrupts()

interrupts() 和 noInterrupts() 函数在 Arduino 中负责打开和关闭中断,两个函数均无参数,无返回值。因为 Arduino 默认状态为打开中断,所以 interrupts() 只有在用 noInterrupts() 关闭中断后要重新打开中断时才使用。

2. attachInterrupt()

功能:用于设置外部中断。

语法:attachInterrupt(interrupt,ISR,mode)。

参数:无。

Interrupt:中断编号,如 UNO 的中断编号为 0 和 1,注意中断编号并不是引脚号。中断 0 对应引脚 2 触发的中断,中断 1 对应引脚 3 触发的中断。

ISR:当中断发生时调用的函数,也称为中断服务函数,这个函数不能带参数,没有返回值。

mode:中断触发模式,指中断对应引脚上电平变化引起中断发生的模式,共有四种模式,见表 4-9。

表 4-9　中断触发模式

模 式 名 称	触 发 方 式
LOW	低电平触发
CHANGE	电平变化触发,上升沿和下降沿均触发中断
RISING	上升沿(低电平变为高电平)触发
FALLING	下降沿(高电平变为低电平)触发

例如,使用中断方式来编写按键控制 LED 的程序,使用中断 0,将按键接在数字引脚 2 上,控制 13 号引脚所接 LED 的开关。电路如图 4-39 所示。

程序代码如下:

```
int pin = 13;
int state = LOW;

void setup()
{
    pinMode(pin,OUTPUT);
    attachInterrupt(0,LEDSwitch,FALLING);  //中断编号:0,中断处理函数 LEDSwitch(),触发模式:
```

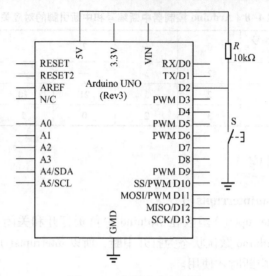

图 4-39　中断试验电路图

下降沿触发

```
}

void loop( )
{
    digitalWrite( pin,state ) ;
}

voidLEDSwitch( )
{
    state ‡ state ;
}
```

下载完程序后，按一下按钮后 LED 点亮，再按一下 LED 熄灭。

把参数 FALLING 换成 CHANGE 重新下载程序，看看有什么变化。

3. detachInterrupt( )

功能：禁用外部中断。

语法：detachInterrupt(interrupt)。

参数：

Interrupt：需要禁用的中断编号。

4.5.3　实验项目 9：LED 骰子

骰子为一正多面体，通常作为桌上游戏的小道具，是古老的赌具之一。最常见的骰子是一颗正立方体，六个面上面分别有 1 到 6 个点，其相对两面数字之和必为 7，如图 4-40 所示。本实验通过用 Arduino 来制作一个 LED 骰子，用 LED 来代替骰子上的点，按一下开关，LED 即开始"滚动"一会儿，速度由快到慢逐步停下来，最后固定在一个点数上。

图 4-40　骰子

1. 实验电路

实验项目 9 电路如图 4-41 所示。用 7 只 LED 来模拟骰子上的点，各个点的显示位置和真实骰子完全一样。

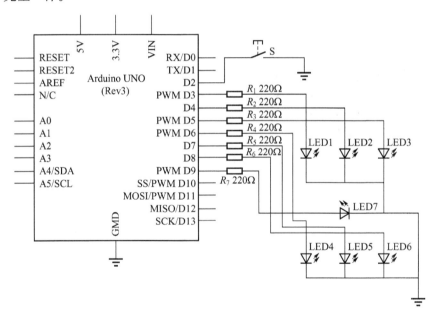

图 4-41　实验项目 9 电路图

2. 电路接线图

面包板的布局如图 4-42 所示，实物接线图如图 4-43 所示。

3. 程序设计

程序中采用中断模式检测按钮有没有按下。按下按钮触发外部中断后，LED 点亮，点子数字变化，速度由快到慢。骰子滚动的时间长度也是随机的，就像真实的骰子每次滚动时时间不一样。

7 只 LED 点亮位置和骰子点数的对应关系如图 4-44 所示，程序中用一个二维数组来表达这种关系，通过调用数组不同的元素来点亮各种点数。

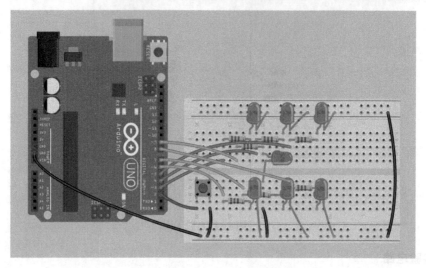

图 4-42　实验项目 9 面包板布局

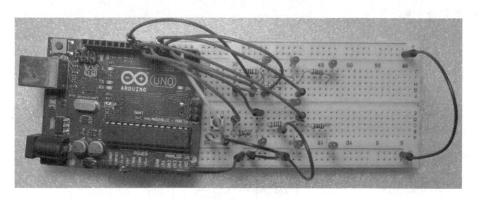

图 4-43　实验项目 9 实物接线图

图 4-44　骰子点数位置

程序代码如下：

```
int flag = 0;
//7 只 LED 点亮编码
byte LEDCode[6][7] =
{
```

```
      {0,0,0,0,0,0,1},//1
      {1,0,0,0,0,1,0},//2
      {1,0,0,0,0,1,1},//3
      {1,0,1,1,0,1,0},//4
      {1,0,1,1,0,1,1},//5
      {1,1,1,1,1,1,0},//6
};

void setup()
{
  for(int i = 3;i < 10;i ++)
  {
    pinMode(i,OUTPUT);
    digitalWrite(i,LOW);
  }
  pinMode(2,INPUT_PULLUP);
  attachInterrupt(0,dice,FALLING);    //初始化外部中断,下升沿触发,中断函数 dice()
}

void loop()
{
  if(flag)
  {
    int m = random(20,30);            //用随机数产生 LED 滚动的时间长度
    m = 30;
    for (int i = 0;i < m;i ++)
    {
      int n = random(0,6);           //用随机数产生滚动中的点数,注意调用的数组中 0 对应 1
      for (int j = 0;j < 7;j ++)
      {
        digitalWrite(j + 3,LEDCode[n][j]);   //显示点数
      }
      delay(50 + i * 10);
    }
  }
  flag = 0;
  }

//中断函数
void dice()
{
  flag = 1;
}
```

程序中函数 loop() 内没有任何代码，在进行空循环，等待中断的发生。一旦按下按键触发中断，即进入中断处理函数，LED 骰子开始滚动。

程序中还用了一个随机数函数 random()，它的一般形式是：

random(howsmall, howbig)

两个参数 howsmall 和 howbig 决定了产生的随机数的范围。例如：

random(1,5)

可以在 1、2、3、4 中产生一个随机数，注意产生的随机数中没有 5。

4. 下载与测试

下载完程序后，按一下按钮，你会发现点数在不断地滚动，速度越来越慢，直到最后固定在一个点子上，语句：

delay(50 + i * 10);

中的 50 决定 LED 骰子的起始滚动速度，其值越大起始速度越慢；10 决定 LED 骰子由快到慢变化的下降速度，其值越大速度下降得越快。修改这两个值可以得到满意的效果。

4.6 调声函数

在实验项目 7 中我们用过有源蜂鸣器，由于它的音频信号是自带内部电路产生的，因此频率固定了。要产生频率的变化，只有使用无源蜂鸣器，由 Arduino 产生脉冲信号推动，通过编写程序代码可以解决这一问题。不过 Arduino IDE 为我们准备好了调声函数，直接调用就可以得到我们所需要的音频信号。

4.6.1 调声函数库

调声函数有两个：tone() 和 noTone()。

1. tone()

功能：可以在指定引脚输出音调。

语法：

tone(pin, frequency)
tone(pin, frequency, duration)

参数：

pin：在该引脚输出音调。

frequency：输出音调的频率，最低频率 31Hz。数据类型为 unsigned int。

duration：输出音调的持续时间，单位为毫秒，数据类型为 unsigned long。如果没有 duration 参数，Arduino 将持续输出音调，直到重新用 tone() 函数改变参数或者使用 noTone() 函数停止发声。

返回值：无。

注意，使用 tone() 函数会干扰 3 号引脚和 11 号引脚的 PWM 输出（Arduino MAGE 除外)。同一时间只能有一个引脚使用 tone( )函数。

2. noTone( )

功能：停止指定引脚上的音调输出。

语法：noTone(pin)。

参数：

Pin：在该引脚停止产生音调。

返回值：无。

4.6.2　实验项目 10：热释电人体红外感应报警器

这个实验做的热释电人体红外感应报警器可作防盗报警器，也可以用来防止有人进入某些危险的区域。

实验中用到了一只热释电红外传感器模块，模块由探测元件和信号放大处理电路组成，如图 4-45 所示。探测元件对波长在 0.2 ~ 20 μm 范围内的光线的灵敏度基本保持不变，在传感器顶端开设了一个装有滤光镜片的窗口，这个滤光片可通过光的波长范围为 7 ~ 10 μm，这样就把可见光（波长 0.4 ~ 0.76 μm）过滤了，而人体辐射的红外线中心波长为 9 ~ 10 μm，这样便形成了一种专门用作探测人体辐射的红外线传感器。为了提高探测器的探测灵敏度以增大探测距离，在探测器的前方装设一个菲涅尔透镜，该透镜用透明塑料制成，这样就可以测出 7 m 范围内人的行动，检测的区域如图 4-46 所示，当有人进入这个区域时，模块检测到活动的目标，输出一个高电平脉冲信号，这个脉冲信号作为 Arduino 外部中断触发信号。

3 2 1

1 电源正
2 输出
3 接地

图 4-45　热释电红外传感器模块

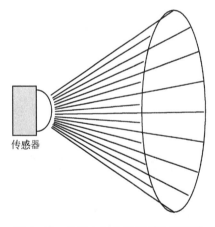

传感器

图 4-46　热释电红外传感器检测区域

1. 实验电路

实验项目 10 电路图如图 4-47 所示。BZ 是一个无源蜂鸣器，其结构如图 4-48 所示，其工作原理和耳机相类似，振动膜是一片金属片。由于其阻抗比较小，工作电流大于 Arduino 引脚的输出电流，因此要加一个晶体管 VT 推动其发声。

热释电红外传感器模块的工作电源可以直接从 Arduino 电路板上取用。

2. 实验器材

本实验所需的器材见表 4-10。

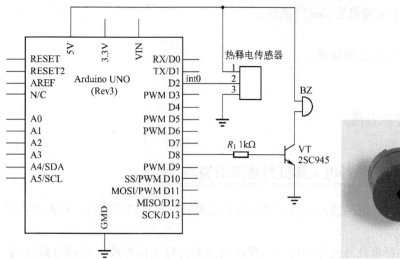

图 4-47　实验项目 10 电路图　　　　　　　　图 4-48　无源蜂鸣器

表 4-10　实验所需的器材

序号	名　　称	标号	规 格 型 号	数量
1	Arduino 控制器		ArduinoUNO	1
2	电阻	R	2 kΩ 1/4W	1
3	晶体管	VT	2SC945	1
4	蜂鸣器	BZ	无源蜂鸣器 电磁式 阻抗 16 Ω 5 V	1
5	热释电红外传感器模块			1
6	面包板			1

3. 电路接线图

面包板布局图如图 4-49 所示，实物接线如图 4-50 所示。

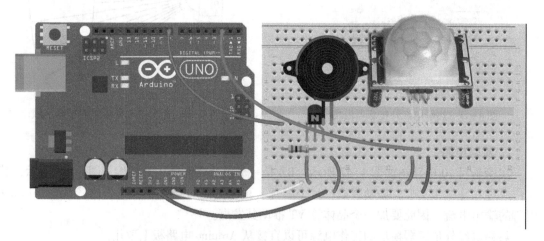

图 4-49　实验项目 10 面包板布局

图 4-50　实验项目 10 实物接线图

4. 程序设计

程序代码如下:

```
int buzzer = 8;
int flag = 0;
void setup()
{
    //初始化外部中断,当 int.0 电平由低变高时,触发中断函数 warning()
    attachInterrupt(0,warning,RISING);
}

void loop()
{
    if(flag)
    {
        for(int i = 0; i < 40; i ++ )
        {
            tone(buzzer,500);
            delay(500);
            noTone(buzzer);
            delay(250);
            tone(buzzer,1000);
            delay(500);
            noTone(buzzer);
```

```
        delay(250);
    }
    flag = 0;
  }
}


//中断处理函数
void warning()
{
    flag = 1;
}
```

在发生外部中断后，变量 flag 的值被置 1，电路开始报警，报警声为：500 Hz 响 0.5 s，停 0.25 s；1000 Hz 响 0.5 s，停 0.25 s。如此循环 40 个周期，报警持续时间为

$$(0.5 + 0.25 + 0.5 + 0.25) \times 40 = 60(s)$$

报警时间为 1 min。

想一想：如果不采用外部中断的方式，程序该如何写？

5. 下载与测试

下载完程序，接通电源后人的身体先保持不动，这时是不会报警的，因为传感器收到的红外信号没有变化，就不输出脉冲信号。这时人在传感器前方移动一下，如果发出报警声，整个装置的工作就正常了。如果这时始终有人活动，则会反复引发外部中断，报警不会停止，只在目标消失一段时间后才会停止报警。

第2篇
制 作 篇

第5章

红外遥控电源插座

红外线通信是常见的无线通信方式之一，它是一种利用红外线传输信息的通信方式。和我们日常生活关系最密切的红外线通信的例子就是红外遥控，家用电器的遥控基本上均采用红外遥控，比如电视机及机顶盒的遥控、空调的遥控等。本章将介绍一个红外遥控的电源插座，只要将用电器插在这个电源插座上，就可以用红外线遥控它的开关了。

5.1 预备知识

5.1.1 红外线

红外线也称红外光，在电磁波谱中，光波的波长范围为 $0.01 \sim 1000\ \mu m$。根据波长的不同可分为可见光和不可见光，波长为 $0.38 \sim 0.76\ \mu m$ 的光波为可见光，依次为红、橙、黄、绿、青、蓝、紫七种颜色。光波为 $0.01 \sim 0.38\ \mu m$ 的光波为紫外光（线），波长为 $0.76 \sim 1000\ \mu m$ 的光波为红外光（线）。红外线遥控是利用波长为 $0.94\ \mu m$ 的红外光传送遥控指令的。之所以用这一波长的红外光作为遥控光源，是因为目前红外发射器件（红外发光管）的发光峰值与红外接收器件（红外光敏二极管、晶体管或硅光电池）的受光峰值波长均在 $0.94\ \mu m$ 附近，能够很好地匹配，可以获得较高的传输效率及较高的可靠性。

我们的眼睛看不见红外线，但它确实是存在的，把一只红外线遥控器对着手机或数码相机的镜头发射，就能看到红外发光管在闪烁，这是因为手机或数码相机摄像头的 CCD 或 CMOS 传感器能接收红外线信号。

5.1.2 红外遥控的基本原理

红外遥控的发射电路是采用红外发光二极管来发出经过调制的红外光波。红外接收电路由红外接收二极管、晶体管或硅光电池组成，它们将红外发射器发射的红外光转换为相应的电信号，再送后置放大器。

发射电路一般由按键、指令编码系统、调制电路、驱动电路、发射电路等几部分组成。当按下按键时，指令编码电路产生所需的指令编码信号，指令编码信号对载波进行调制，经过调制的指令编码信号由驱动电路进行功率放大后通过红外发光二极管向外发射。

接收电路一般由红外接收、放大电路、解调电路、指令译码电路、驱动电路、执行电路（如继电器）等几部分组成。接收电路将发射器发出的已调制的编码指令信号接收下来，并进行放大后送解调电路，解调电路将已调制的指令编码信号解调出来，还原为编码信号。指令译码器将编码指令信号进行译码，最后由驱动电路来驱动执行电路实现各种指令的操作控制。

上面所说的编码涉及到红外遥控的传输协议，目前国内外主流的红外遥控编码传输协议有十多种，如 NEC、Philips RC-5、Philips RC-6、Philips RC-MM、Philips RECS80、RCA、X-Sat、ITT、JVC、Sharp、Nokia NRC17 和 Sony SIRC 等。

国内最常用的规范有两种：NEC 和 Sony SIRC。这两种规范的调制方式分别为：PPM（脉冲间隔调制）和 PWM（脉冲宽度调制）。相比而言，NEC 协议在国内的应用更广泛。

下面以 NEC 为例作介绍。

1. 主要特征

8 位地址码和 8 位数据码；

载波频率为 38 kHz；

脉冲间隔调制；

地址码和数据码发两次，以增加可靠性；

每 1 位（bit）的时间为 1.12 ms 或 2.25 ms。

2. 协议

NEC 编码的一帧由引导码、地址码及数据码组成，把地址码及数据码取反的作用是加强数据的正确性。

逻辑位的表示方法如图 5-1 所示，采用脉冲间隔调制的串行码，以高电平 0.56 ms、低电平 0.56 ms、周期为 1.125 ms 的组合表示二进制的"0"；以高电平 0.56 ms、低电平 1.685 ms、周期为 2.25 ms 的组合表示二进制的"1"，高电平用 38 kHz 脉冲载波进行调制。9 ms 的高电平和 4.5 ms 的低平为引导码，8 bit 的地址码和 8 bit 地址反码，8 bit 的数据码和数据反码，先发最低有效位，再发最高有效位。高电平用 38 kHz 脉冲载波进行调制。完整的帧格式如图 5-2 所示。

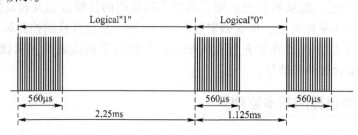

图 5-1 NEC 协议"0"和"1"的表示方法

常和 Arduino 配套使用的一种红外遥控器如图 5-3 所示。当发射器按键按下后，即有遥控码发出，所按的键不同遥控编码的数据码也不同。

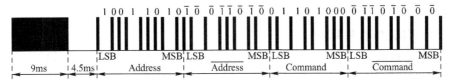

图 5-2　NEC 协议完整帧格式

图 5-3　红外遥控器

5.2　硬件电路

5.2.1　元器件清单

元器件清单见表 5-1。

表 5-1　元器件清单

序号	名　称	标号	规 格 型 号	数量
1	Arduino 控制器		Arduino Pro mini	1
2	红外接收头	IC1	HS0038	1
3	电阻	R1	120 Ω 1 W	1
4	电阻	R2	1 MΩ 1/4 W	1
5	电阻	R3	1 kΩ 1/4 W	1
6	电容	C1	1 μF AC 250 V 金属膜电容	1
7	电解电容	C2	100 μF 25 V	1
8	电解电容	C3	10 μF 16 V	1
9	稳压二极管	VD1	1N4742（12 V 1 W）	1
10	二极管	VD2	1N4001	1
11	整流桥		1A400 V	1
12	发光二极管	LED	φ5 红色	1
13	晶体管	VT	9013	1
14	继电器	K	DC 12 V 触点 10 A 250 V	1
15	洞洞板			1

下面对几个特殊的元件作一下介绍。

1. 红外一体化接收头 HS0038

红外一体化接收头 HS0038 同时能对信号进行放大、检波、整形，并且输出 TTL 电平的编码信号。这样大大简化了接收电路的复杂程度和电路的设计工作。HS0038 为直立侧面收光型，它接收红外信号频率为 38 kHz。HS0038 外观图如图 5-4 所示，三个引脚分别是 1 脚信号输出端、2 脚地、3 脚 VCC。HS0038 用黑色环氧树脂封装，不受日光、荧光灯等光源干扰，内附磁屏蔽，功耗低，灵敏度高。HS0038 的内部框图如图 5-5 所示。

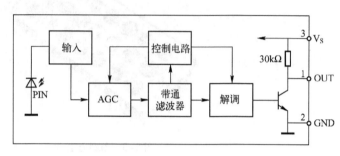

图 5-4　HS0038　　　　　　　　　　图 5-5　HS0038 内部框图

红外一体化接收头可以利用图 5-6 所示的电路进行测试，在 HS0038 的电源端与信号输出端之间接上一只 1 kΩ 的电阻及一只发光二极管后，再接上 +5 V 工作电源，当手拿遥控器对着接收头按任意键时，发光二极管会闪烁，说明红外接收头和遥控器工作都正常；如果发光二极管不闪烁发光，说明红外接收头和遥控器至少有一个损坏。

红外一体化接收头也可以用 VS1838B、HS1838、TL0038 等型号。VS1838B、HS1838 与 HS0038 引脚兼容，TL0038 的引脚与 HS0038 不一致，TL0038 1 脚为信号输出端、2 脚为 VCC、3 脚为地，使用时要注意。

2. 继电器

继电器是一种电控制器件，实质上就是一个开关，只不过这个开关不是用手按的，而是用"电"来带动的。继电器常常应用在自动控制电路中，它能够以较小的电流控制大电流的导通和切断，从而起到自动控制的作用。下面通过图 5-7 所示的继电器工作原理图来说明它的工作原理。

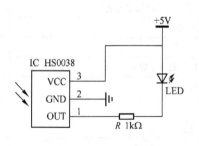

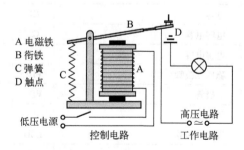

图 5-6　HS0038 测试电路　　　　　　图 5-7　继电器工作原理图

从图中可以看出，继电器一般由铁心、线圈、衔铁、触点簧片等部分组成。在线圈两端加上一定的电压，线圈中就会流过一定的电流，从而产生电磁效应，电磁力就会将衔铁吸向铁心，带动衔铁的动触点与常开触点吸合；当线圈断电后，电磁的吸力也随之消失，衔铁就又返回到原来的位置，衔铁的动触点与常闭触点吸合。这样的吸合、释放达到了在电路中导通、切断的目的。继电器一般有两股电路，为低压控制电路和高压工作电路，图 5-7 所示电路是用继电器控制电灯的工作电路。

继电器的主要技术参数：

（1）额定工作电压（电流）

它是指继电器能够可靠工作的电压或电流。继电器工作时，继电器线圈输入电压或电流应等于这一数值。一种型号的继电器为能适应不同电路的使用要求，会有多种额定工作电压或工作电流，一般用规格号加以区别。

（2）吸合电压（电流）

指继电器从释放状态到达吸合工作时的最小电压或最小电流。此时继电器吸合是不可靠的，在正常使用时，给定的电流必须略大于吸合电流，这样继电器才能稳定地工作。

（3）释放电压（电流）

指继电器从吸合状态转换到释放状态时的最大电压或最大电流，此值远小于吸合电压（电流）。

（4）触点负荷

它是指触点能够承受的最大负载能力，它决定了继电器能控制的电压和电流的大小，使用时不能超过此值，否则很容易损坏继电器的触点。

本实例使用的继电器如图 5-8 所示。它有五个引脚，两个为线圈引脚，三个为触点引脚，如图 5-9 所示。

图 5-8　继电器

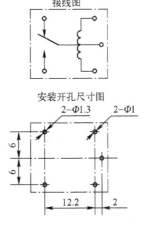

图 5-9　继电器引脚图

5.2.2　电路工作原理

电路图如图 5-10 所示。电路接通电源后，由红外遥控器发出的红外线遥控信号经 HS0038 接收并处理后输出编码信号给 Arduino 8 号引脚，由 Arduino 译码，如果指令正确，其 2 号引脚输出高电平，通过 R_3 和 LED 给晶体管 VT 提供基极电流使其导通，继电器加电吸合，其常开触点闭合，电源插座被接通电源。如果再次发射红外线遥控信号，则 Arduino 2 号引脚输出低电平，晶体管 VT 截止，继电器释放，常开触点断开，电源插座断电。LED 起到电路工作状态指示的作用，电源插座通电时点亮，断电时熄灭。

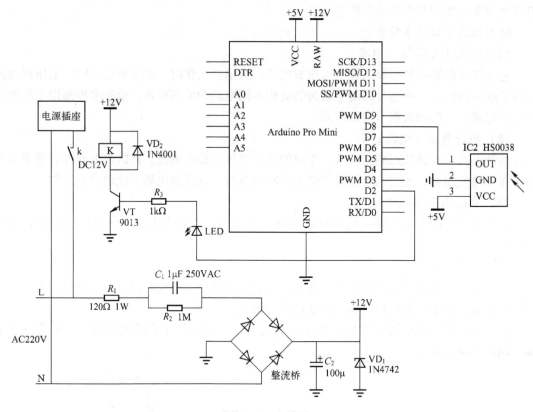

图 5-10　电路图

本机的电源采用电容降压型直流稳压电源，这种电源没有电源变压器，结构非常简单，具有体积小、重量轻、成本低廉、效率高等特点。电路由降压电容、限流、整流滤波和稳压分流等电路组成。

C_1 为降压电容，电容在电路中只产生容抗，不消耗能量，所以电容降压型电路的效率很高。当 C_1 的容量为 1 μF、交流电电压为 220 V 时，电源能提供的电流约为 65 mA。R_1 为限流电阻，在合上电源的瞬间，有可能正处于交流电的峰值，此时由于 C_1 的瞬间充电电流会很大，因此在回路中需串联一个限流电阻，以保证电路的安全。R_2 为 C_1 的放电电阻，防止切断电源后 C_1 上的高压无放电回路而不能释放。整流桥和电容 C_2 组成全波整流滤波电路，将交流电转换为直流电。

电容降压电源基本上可以看作一恒流源，当负载电流减小会引起电压急剧增加，因此在稳压电路中，要有分流回路，以响应负载电流的大小变化。12 V 稳压二极管 VD_1 就起到稳压分流的作用，它将直流电压稳定在 12 V，12 V 电源一路作继电器的工作电源用，另一路接到 Arduino Pro mini 的 RAW 外接电压输入端，Arduino Pro mini 内部有一个稳压电源电路，如图 5-11 所示，外接电源经稳压后提供 5 V 的直流工作电源，在外接设备功耗不大时这个电源可供外部设备使用，这里 HS0038 就使用了 Arduino Pro mini VCC 端输出的 5 V 电源。

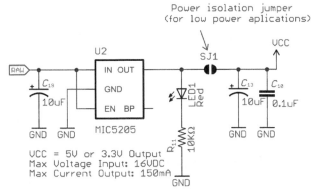

图 5-11　Arduino Pro mini 电路板稳压电源

5.3　程序设计

这一节先介绍 IRremote 类库的使用，然后利用 Arduino 实现红外线编码发射和接收，最后在此基础上再介绍红外遥控电源插座的程序。

5.3.1　IRremote 类库

从上面介绍的红外遥控的编码，我们可以发现用 Arduino 发送和接收红外编码的程序是比较复杂的，为了使程序设计变得简单，我们可以利用一个第三方的红外遥控 IRremote 类库，在这个类库里编写好了用于红外遥控编码发送和接收等成员函数，我们在编程时只要调用就可以了。IRremote 类库是使用 C++ 语言编写的，编程时使用了类。C 是面向过程的语言，而 C++ 是基于过程和面向对象的混合型语言，面向对象是其强项，是 C 语言的发展。类的成员主要有成员变量和成员函数等，引用类的成员变量或成员函数前必须先定义类的对象，定义对象的形式为

　　类名 对象名；

定义好了对象就可以引用类的成员了，引用成员变量和成员函数最常用的形式分别为

　　对象名. 成员变量名；
　　对象名. 成员函数名；

其中 "." 是成员运算符，用来对成员进行限定，指明访问的是那一个对象中的成员。

读者如果想对类、对象、成员函数等内容有更深入的了解，可参阅有关 C++ 程序设计的书籍。

IRremote 类库中有 IRrecv 类和 IRsend 类。

1. IRrecv 类

IRrecv 类是用来接收红外编码信号并进行解码的，其主要成员函数如下。

（1）IRrecv( )

功能：IRrecv( )是和 IRrecv 类同名的构造函数，用于指定红外编码信号输入的引脚，这个引脚接红外一体化接收头的输出脚。

语法：IRrecv irrecv(recvpin)。

参数：

recvpin：红外编码信号输入引脚编号。

返回值：无。

irrecv 是用户自定义的对象名。构造函数 IRrecv( )在引用（指定红外编码信号输入的引脚）的同时也定义了对象 irrecv，引用 IRrecv 类里的其他成员函数时就可以直接使用这个对象了。

（2）enableIRIn( )

功能：启用红外编码接收进程。

语法：irrecv. enableIRIn( )。

参数：无。

返回值：无。

irrecv 是一个 IRrecv 类的对象。

（3）decode( )

功能：检查是否接收到红外编码。

语法：irrecv. decode(&results)。

参数：无。

results：一个 decode_results 类的对象，用于存储收到的红外编码。

返回值：True 或者 False。如果编码接收成功则返回 True，如果没有接收则返回 False。当编码被成功接收后，有关信息会保存在"results"中。

irrecv 是一个 IRrecv 类的对象。

（4）resume( )

功能：接收完成以后，必须调用本函数。对接收器进行复位和初始化，才能接收下一组编码。

语法：irrecv. resume( )。

参数：无。

返回值：无。

irrecv 是一个 IRrecv 类的对象。

2. IRsend 类

IRsend 类用来对红外信号编码，发送红外编码信号。其主要成员函数为发送红外编码的函数。在使用这几个函数前，要先定义类的对象，形式为

　　IRsendresend；

其中对象 resend 用户自定义的名字，也可取其他名字，比如 send 等。

（1）sendRaw（）

功能：发射一组原始红外编码信号。

语法：irsend. sendRaw（rawbuf，rawlen，frequency）。

参数：

rawbuf：存储原始红外编码的数组，数组元素的值为脉冲宽度，单位为 μs。

rawlen：数组长度。

frequency：红外发射频率，常用的有 38 kHz、40 kHz 等，将编码信号调制在这个频率的脉冲信号上发送。发射频率根据接收端的红外一体接收头的频率参数确定。

返回值：无。

这个函数可以用来发送一些在 IRremote 类库中没有定义对应协议的红外编码，以及一些很特殊的红外编码，如某些空调的红外编码。使用时要根据要发送的红外编码设置数组元素的值。

（2）sendNEC（）

功能：以 NEC 协议格式发送一组指定的红外编码。

语法：irsend. sendNEC（IRcode，numBits）。

参数：

IRcode：要发送的红外编码值。

numBits：编码的位数。

返回值：无。

使用这种相对某种红外传输协议专用的发送函数比使用前面介绍的 sendRaw（）方便多了。

（3）sendSony（）

功能：以 Sony 协议格式发送一组指定的红外编码。

语法：irsend. sendSony（IRcode，numBits）。

参数：

IRcode：要发送的红外编码值。

numBits：编码的位数。

返回值：无。

IRremote 类库除了这两个特定协议的发送函数外，还有 IRsendRC5（）、IRsendRC6（）、IRsendDISH（）、IRsendSHARP（）、IRsendPANASONIC（）、IRsendJVC（）、IRsendSANYO（）等常用协议的发送函数，其使用方法和上面介绍的函数类似，在此就不一一赘述了。

IRremote 类库的下载地址为 https://github. com/z3t0/Arduino - IRremote，现在最新版本为 2. 0. 1 版，也可在本书的配套光盘里找到。把下载好的压缩文件 Arduino - IRremote - 2. 0. 1. zip 解压缩，并把文件夹改名为：IRremote，再把文件夹 IRremote 复制到 Arduino IDE 的安装目录 C：\Program Files\Arduino\libraries 文件夹中，如图 5-12 所示。打开 IRremote 类库文件夹，如图 5-13 所示。

IRremote 类库文件夹中 IRremote. h 和 IRremote. cpp 是类库的两个基本文件：头文件和源文件，头文件的核心是库中所有函数的列表，这些函数和所有变量都打包在类里面，源文件基本上就是程序代码。

图 5-12　libraries 文件夹

图 5-13　IRremote 类库文件夹

重新启动 Arduino IDE，我们就可以在文件→示例选项中看到 IRremote 的选项了。如图 5-14 所示。

图 5-14　示例中的 IRremote 的选项

5.3.2　红外编码接收试验

红外遥控电源插座最终选用电视机或机顶盒的遥控器作遥控器，使用遥控器上的某个键遥控电源的开关。在编程时就要知道这个键发出的编码，以便进行相应操作。以前人们通常使用逻辑分析仪来读取编码。在没有逻辑分析仪的情况我们可以用 Arduino 来解决这一问题，IRremote 类库为我们提供了一个获取红外编码的示例程序。

首先用一块 Arduino UNO 和一只 HS0038 红外一体化接收头按图 5-15 所示红外接收接线图搭好硬件电路，HS0038 的输出端接 Arduino 的 11 引脚。

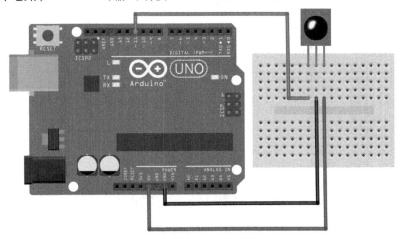

图 5-15　红外接收接线图

通过菜单项"文件"→"示例"→"IRremote"→"IRrecvDemo"打开下面的示例程序。

程序代码如下：

```
#include < IRremote. h >          //包含头文件 IRremote. h,声明使用 IRremote 类库
int RECV_PIN = 11;
IRrecv irrecv( RECV_PIN);         //定义对象 irrecv,确定红外编码输入端为 11 号引脚
decode_results results;           // 定义 decode_results 类的对象 results,用于存储编码
void setup( )
{
  Serial. begin( 9600);           //初始化串口通信
  irrecv. enableIRIn( );          //开始接收红外编码
}
void loop( ) {
  if ( irrecv. decode( &results))  //检查是否收到编码,并将结果存入 results 对象中
{
    Serial. println( results. value, HEX);  //将编码值以十六进制数发送到串口
    irrecv. resume( );            //接收下一个编码
  }
delay( 100);
}
```

下载程序，打开串口监视器，用遥控器对着红外一体化接收头发送信号，我们就可以在串口监视器中看到编码数据，按动不同的键我们会发现编码的数据确实不一样，如图5-16所示。

图 5-16 Arduino 接收到的编码数据

按下图 5-17 所示电路中开关 S、在串口监视器中我们可以看到"FFFFFFFF",即发送的二进制数据全为 1,这是为什么呢?原来 NEC 协议的遥控器按下按键后只发送一次编码,如果按下键不放则会连续发送编码"FFFFFFFF"。

5.3.3 红外编码发送试验

用 5.3.2 节中做红外编码接收器记录一下电视机的电源开关键的红外编码,我们能不能用这个编码来遥控电视机的开关呢?下面我们就来用 Arduino 做一个简单的红外遥控发射器来作验证。

红外遥控发射器的电路如图 5-17 所示,开关 S 作遥控器发送编码按键。由于 IRremote 类库中默认 Arduino 的 3 号引脚为红外编码的输出端,因此必须把红外发光二极管 LED 接 Arduino 的 3 号引脚,由 3 号引脚输出的受 38kHz 脉冲调制的红外编码信号通过 LED 转换成红外线发射出去。

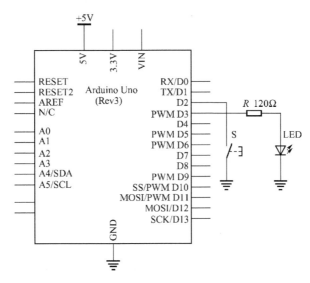

图 5-17 红外遥控发射器电路

用面包板按图 5-18 搭建好红外遥控发射器的电路,下载下列程序到 Arduino UNO 中。

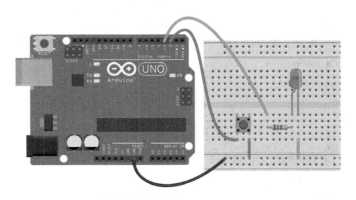

图 5-18 红外遥控发射器接线图

程序代码如下：

```
#include < IRremote. h >
int KEYpin = 2 ;
IRsend irsend ;

void setup( )
{
    pinMode( KEYpin,INPUT_PULLUP ) ;          //设置 Arduino 2 号脚按键输入端
}

void loop( )
{
    if ( digitalRead( KEYpin ) == 0 )          //检查按键是否按下
    {
        irsend. sendNEC( 0x2FD807F,32 ) ;       //发送电视机开关电源编码
        while( digitalRead( KEYpin ) == 0 ) ;   //等待按钮松开
        delay( 200 ) ;                          //延时,防止按钮抖动重复发码
    }
}
```

程序中代码 "0x2FD807F" 是一台电视机电源开关的代码。下载完程序后，将红外发射二极管对着电视机，按一下电视机电源打开，再按一下电视机电源关闭。本遥控器只能发送一个编码，如果想发送多个编码，只要增加开关，并相应修改程序即可。

5.3.4　程序设计

前面大家对红外编码的发送和接收有了初步的了解，再看下面的程序就没有什么困难了，程序主要有红外编码接收解码、继电器输出控制、接收代码显示等部分组成。

程序代码如下：

```
#include < IRremote. h >
int irReceiverPin = 8 ;               //红外一体化接收头连接到 Arduino 8 号引脚
intCONTROLpin = 2 ;                    //Arduino 2 号引脚继电器控制输出端
IRrecv irrecv( irReceiverPin ) ;      //定义对象 irrecv,确定红外编码输入端
decode_results results ;              //用于存储编码结果的对象
boolean swState = false ;             //定义开关状态变量

void setup( )
{
    pinMode( CONTROLpin,OUTPUT ) ;
    Serial. begin( 9600 ) ;
    irrecv. enableIRIn( ) ;            //初始化红外解码
}
```

```
void loop( )
{
    if ( irrecv. decode( &results) )          //解码成功,数据放入对象 results 的成员变量中
    {
        Serial. println( results. value, HEX) ;   //调试用,获取红外编码
        if( results. value == 0x2FD807F) ;        //判断收到的编码是否就是否正确
        swState = !swState;                       //改变开关变量状态
        irrecv. resume( ) ;                       //接收下一个编码
    }
    if( swState)                                  //根据开关变量状态决定输出状态
    digitalWrite( CONTROLpin, HIGH) ;             //开电源
    else
    digitalWrite( CONTROLpin, LOW) ;              //关电源
}
```

程序中的代码显示部分可以用于获取要用的红外编码,用这个编码替代下列语句中的0x2FD807F。

```
        if( results. value == 0x2FD807F) ;
```

调试程序时可按图 5-19 搭一个电路进行试验,待程序和电路都没有问题后再组装实际电路,这样会少出差错,不然电路板安装好了再要修改就比较麻烦了。在试验电路中用 LED观察控制继电器输出端的状态。

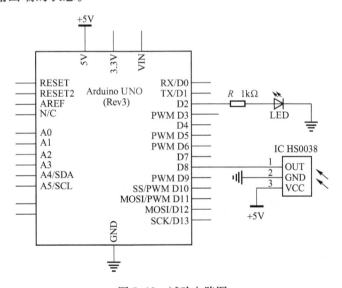

图 5-19　试验电路图

用面包板搭建好的试验电路如图 5-20 所示。将上述程序下载到 Arduino 中,打开串口监视器,找一只电视机或机顶盒的遥控器,按一下要用的键,记录编码,用其替换程序中的编码。重新下载程序,按动遥控器上相应的键就能发现 LED 的显示状态发生改变了,按一下点亮,再按一下熄灭,这样就实现了用遥控器控制 LED 的开关了。

图 5-20　试验电路实物图

5.4　安装调试与使用

📄 5.4.1　下载程序

为了减小体积和降低成本，本实例的 Arduino 控制器使用了 Arduino Pro mini，由于 Arduino Pro mini 电路板上没有自带 USB 转串口的芯片，因此下载程序时必须依赖 USB 转串口模块，图 5-21 所示是使用 FT232RL 芯片的 USB 转串口模块，使用前要安装 FT232RL 芯片的驱动程序。FT232RL 的驱动程序网上很容易找到，官方的下载地址为：http://www.ftdichip.com/Drivers/VCP.htm，根据操作系统的版本选择相应的驱动程序，驱动安装完成后在计算机"控制面板"的"设备"中就能看到它对应的虚拟串口（COM 口）了。

图 5-21　FT232RL USB 转串口模块

新买的 Arduino Pro mini 控制器是没有焊接插针的，先给 Arduino Pro mini 焊接好下载程序接口的插针，如图 5-22 所示。将 Arduino Pro mini 用杜邦线和 USB 转串口模块连接，连接方式见表 5-2。

连接好后就可以接到 USB 接口下载程序了，如图 5-23 所示。下载程序时板卡选择"Arduino pro or pro mini（5 V 16 MHz）W/ATmega328"，并选择 USB 转串口模块对应的串口号，按"下载"按钮就能下载程序了。

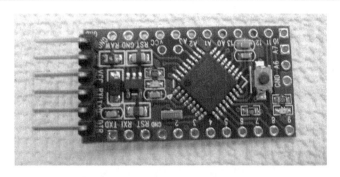

图 5-22　Arduino Pro mini 下载程序接口插针

表 5-2　USB 转串口模块和 Arduino Pro mini 的接线表

序　号	USB 转串口模块	Arduino Pro mini
1	GND	GND
2	5V	VCC
3	TXD	RXI
4	RXD	TXO
5	DTR	DTR

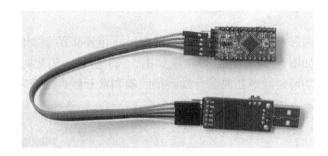

图 5-23　下载线连接

5.4.2　电源接线板改造

找一个内部空间比较大的电源接线板，或者找一个面板插座可以分离的电源接线板，如图 5-24 所示。这种接线板可以拆掉一个插座来增加内部空间。这些空间用来安装电路板和继电器，图 5-25 所示是拆下一组插孔并整理好的电源接线板。

图 5-24　接线板

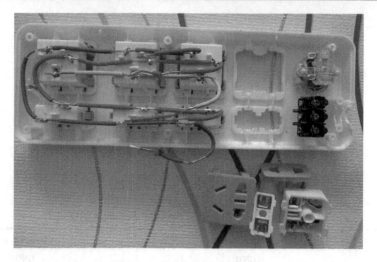

图 5-25　整理好的电源接线板

5.4.3　装配电路板

电路板使用洞洞板装配，先为 Arduino pro mini 焊接插针，为了方便，只要焊接要使用的插针即可。

根据电源接线板内部空间的大小确定洞板的尺寸，电路板的装配图如图 5-26 所示，装配好的电路板元件面如图 5-27 所示，焊接面如图 5-28 所示。装配时注意二极管和晶体管的极性不要搞错，辨别清楚继电器的吸合线圈接线端和常开触点接线端。

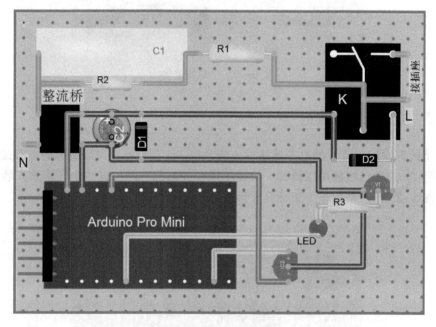

图 5-26　电路板装配图

图 5-27　电路板元件面

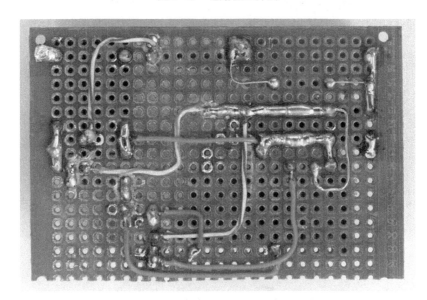

图 5-28　电路板焊接面

5.4.4　总装

　　电路板装配好即可以装入电源接线板了，电源接线板接线框图如图 5-29 所示。根据这张图接好相关连线，如图 5-30 所示。

　　用透明的有机玻璃电源接线板补上空洞，同时作控制电路部分的面板，用打印机在白纸上打印出面板上的文字内容，衬托在有机玻璃的下面，注意在 LED 和 HS0038 对应的位置留下窗口。做好的红外遥控电源接线板如图 5-31 所示。在电源接线板上插上一只台灯，用遥控器上设置的对应键实施遥控，如果台灯能正常开关，说明电路已经能够正常工作了。

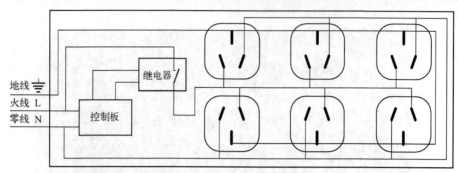

图 5-29　电源接线板接线框图

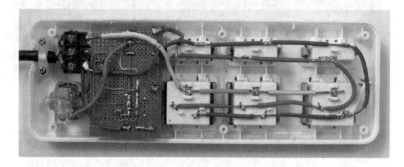

图 5-30　电源接线板内部接线图

图 5-31　红外遥控电源接线板

　　由于控制电路直接和 220 V 电源相连，因此在制作过程中要绝对注意安全，不要带电操作。如果要重新下载程序，一定要注意拔下电源接线板的电源插头，下载程序时直接使用计算机 USB 接口的 5 V 电源即可。

第6章

太阳能光伏电池系统控制器

在气候对人类生存压力日趋加大的今天，减少温室气体排放，提倡低碳生活方式已成为全球的共识。要实现低碳经济，除了通过技术创新、制度创新、产业转型等多种手段，还应尽量减少煤炭石油等高碳能源消耗，并提高人们的节能意识外，开发新能源的应用是更重要的手段，其中太阳能光伏发电是重要的新能源之一。在业余条件下，读者很容易利用太阳能光伏电池制作一套太阳能光伏发电装置，不但非常有趣，而且可以实现自己使用新能源的愿望。

太阳能光伏发电装置在不用电的时候可用蓄电池将电能储藏起来，需要用电时再使用蓄电池中储藏的电能。另外，为了提高发电效率，太阳能光伏电池板最好能始终面向太阳，这就要用一个电动机实现电池板的转动。本章介绍的太阳能光伏电池系统的控制器可以实现上述两个功能。

6.1 预备知识

6.1.1 太阳能光伏电池

光生伏特效应（简称光伏效应）是指半导体在受到光照射时产生电动势的现象。太阳能光伏电池就是利用这一原理用单晶硅、多晶硅等半导体薄片做成的光电池，用于把太阳的光能直接转化为电能。单个的光伏电池面积比较小，通常由这些小的单元电池组装成大的光伏电池，如图 6-1 所示。

目前太阳能光伏电池的转换效率为 15% ~ 20%，即照射在光伏电池上的太阳能有 15% ~ 20% 被转换成了电能。在太阳光较强时，每平方米光伏电池的输出功率能达到 100 W 以上。

6.1.2 舵机

舵机是一种位置（角度）伺服的驱动器，适用于那些需要角度不断变化并可以保持的控制装置，比如应用在飞机模型、舰艇模型、机器人等设备中。

图 6-1　太阳能光伏电池

舵机是由直流电动机、减速齿轮组、传感器和控制电路组成的一套自动控制系统。通过发送信号，指定输出轴旋转角度。舵机的内部结构如图 6-2 所示，舵机的输入线共有三条，中间红色线是电源 +，一边褐色（或黑色）线的是地线，这两根线给舵机提供电源，另外一根线是控制信号线，一般为橙色（或白色）线。舵机与直流电动机的区别是：直流电动机是连续转动的，只要通电就始终转，舵机只能在一定角度内转动，当到达指定的角度时即停止转动。

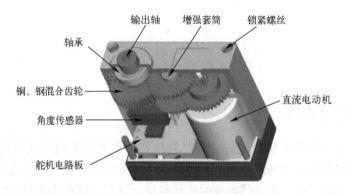

图 6-2　舵机的内部结构

舵机的控制原理可以用图 6-3 说明。

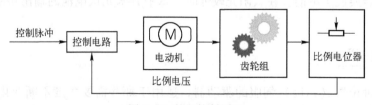

图 6-3　舵机控制原理

舵机的工作原理是控制电路接收信号源的控制脉冲，并驱动电动机转动，减速齿轮组将电动机的转速成倍缩小，同时输出扭矩成倍增加，电位器和齿轮组的末级一起转动构成角度传感器，用来测量舵机轴转动的角度。电路板通过检测电位器判断舵机转动角度，然后控制舵机转动到目标角度并保持在此角度。

舵机采用 PWM 控制转动角度，控制脉冲周期 20 ms，脉宽从 0.5 ~ 2.5 ms，分别对应 0°到 180°的位置，呈线性变化，也就是说，给它提供一定的脉宽，它的输出轴就会转到对应角度上，然后静止不动。舵机输入脉冲宽度与转动角度的关系如图 6-4 所示。

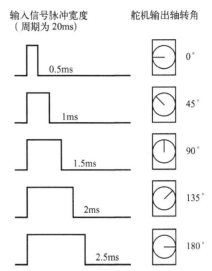

图 6-4　舵机输入脉冲宽度与转动角度的关系

控制信号输入到舵机的控制电路进行解调，控制电路内部有一个基准电路，产生周期为 20 ms，宽度为 1.5 ms 的基准信号，这个基准信号定义的位置为中间位置。控制电路内部还有一个比较器，将输入的 PWM 控制信号与基准信号比较后获得直流偏置电压，将这个电压与电位器动触点的电压比较，得到电压差输出。电压差的正负输出到电动机驱动芯片决定电动机的正反转。电动机转动后通过减速齿轮带动电位器旋转，当电压差为 0 时电动机停止转动，此后只有当输入控制信号的脉冲宽度有了变化舵机才会转动到新的位置。

下面做一个利用计算机串口控制舵机旋转角度的实验。舵机信号线接 Arduino 数字引脚 5，如图 6-5 所示。

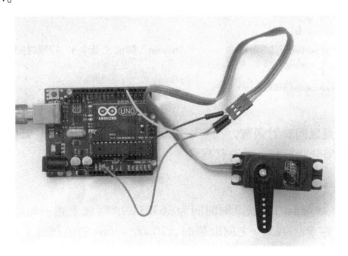

图 6-5　舵机控制电路接线图

打开 Arduino IDE，输入下列程序代码。

程序代码如下：

```
int servoPin = 5;
```

```
int inChar;
int angle;
int number = 0;
int time;

void setup()
{
  pinMode(servoPin, OUTPUT);
  Serial. begin(9600);
}

void loop()
{
  //接收串口字符型数据,并将字符转换为整数
  while(Serial. available() > 0)
  {
    inChar = Serial. read();
    number = number * 10 + (inChar - 48);
    angle = number;
  }
  number = 0;
  //将角度转换为脉冲宽度
  time = map(angle, 0, 180, 500, 2500);
  //Arduino 5 脚输出脉冲宽度为 timeμs,周期为 20000 μs(20 ms) 的脉冲信号
  digitalWrite(servoPin, HIGH);          //Arduino 5 脚输出高电平,持续时间 timeμs
  delayMicroseconds(time);
  digitalWrite(servoPin, LOW);           //Arduino 5 脚输出低电平,持续时间 (20000 - time) μs
  delay(17);
  delayMicroseconds(3000 - time);
}
```

程序中 map() 是区间映射函数,把 $0° \sim 180°$ 的角度转换为 $500 \sim 2500$ μs 的时间。脉冲低电平延时时间代码分两行写了,没有写成

```
delayMicroseconds(20000 - time);
```

这是因为 delayMicroseconds() 最长延时时间为 16383 μs,写成上述一句就超出了它的最大延时时间。因为 time 在 $500 \sim 2500$ 之间取值时,$20000 - time$ 的值超过了 16383,得不到期待的延时时间了。

程序比较难理解的是串口接收到的字符转换为整数的部分,程序中的语句

```
number = number * 10 + (inChar - 48);
```

就是把接收到的字符逐次转换、左移、累加,最终得到串口发送的角度值。上式中 inChar 是数字字符对应的 ASCII 码,对于数字字符,其对应的 ASCII 码比它的数值大 48,

例如 0 的 ASCII 码是 48，1 的 ASCII 码是 49，2 的 ASCII 码是 50，以此类推。举一个简单的例子，比如要把舵机调到 75°的位置，可通过串口发送 75。串口发送数字是当作字符发送的，先发送十位 7 的 ASCII 码 55，Arduino 收到后程序将其转换为数字 55−48 =7；再发送个位数 5 的 ASCII 码 53，Arduino 收到后转换为数字 53 − 48 =5，接收两个字符程序是分两步完成的：

第一步：number = 0 ∗ 10 +（55−48）；//number 的初值为 0，经过这一步后 number = 7

第二步：number = 7 ∗ 10 +（53−48）；//这一步完成后 number = 75

下载程序，打开串口监视窗口，如图 6-6 所示，在发送数据区输入 0 ~ 180 之间的任意一个数，单击"发送"按钮，舵机就会转到相应的位置。注意：做这个实验时，因为舵机转动时的电流比较大，所以要用芯线比较粗的 USB 连线，或者用短一点的 USB 连线，不然会因为线的电阻大造成工作电压下降，使电路不能正常工作。在实际应用中，舵机往往使用独立的电源，这时要注意和主板共地，即接地线要和主板的接地线连在一起，否则不能传递控制脉冲信号。

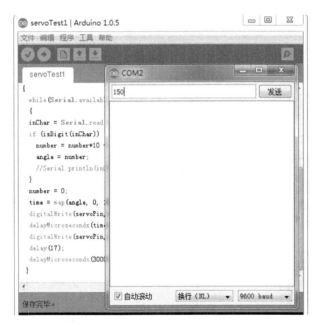

图 6-6　用串口发送舵机旋转角度数据

6.2　硬件电路

6.2.1　元器件清单

元器件清单见表 6-1。

为了减小二极管正向压降造成的能量损失，表 5-1 中 VD 没有使用普通整流二极管，而是用了肖特基二极管，这种二极管具有正向压降（0.4 ~ 0.5 V）低的特点。

表 6-1　元器件清单

序号	名　　称	标　号	规　格　型　号	数量
1	Arduino 控制器		Arduino Pro mini	1
2	电阻	R_1	6.8 kΩ 1/4 W	1
3	电阻	R_2、R_6	1 kΩ 1/4 W	2
4	电阻	R_3、R_5	10 kΩ 1/4 W	2
5	电阻	R_4	330 Ω 1/4 W	1
6	电解电容	C	100 μF 16 V	1
7	稳压集成块	IC	78L05	1
8	肖特基二极管	VD	1N5819	1
9	发光二极管	LED	φ3 红色	1
10	晶体管	VT_1	9014	1
11	晶体管	VT_2	BD140	1
12	开关	S		1
13	舵机	Servo	MG996R	1
14	接线端子		2p	2
15	光伏电池		9 V 5 W	1
16	蓄电池		6V4AH	1
17	PCB		50 mm×70 mm	1

　　78L05 是一个小功率的稳压集成电路，当输入电压在 7～18V 的范围内时，它能输出 5 V 的稳定电压，最大输出电流 150 mA。78L05 有种封闭模式，TO－92 的封装如图 6-7 所示，其中 1 号引脚为 5 V 电压输出端，2 号引脚为地，3 号引脚为电压输入端。78L05 的应用电路如图 6-8 所示。

图 6-7　78L05

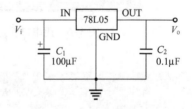

图 6-8　78L05 应用电路

6.2.2　电路工作原理

　　光伏电池系统控制器电路如图 6-9 所示。

　　图中 VT_1、VT_2、R_3、R_4、LED 等组成充电控制电路。VD 用于防止太阳能电池板接反。当光伏电池电压较低时，Arduino 由蓄电池供电。R_1、R_2 为蓄电池电压分压取样电路；R_5、

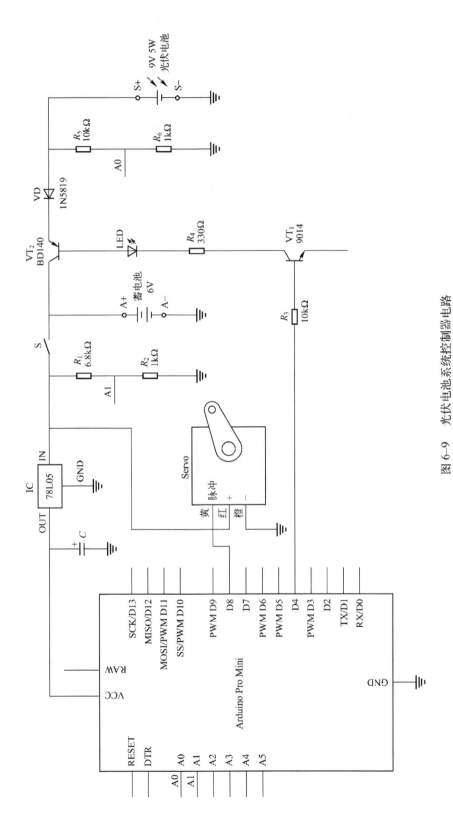

图 6-9　光伏电池系统控制器电路

R_6 为光伏电池电压分压取样电路，取样电压供 Arduino 判断蓄电池和光伏电池电压的大小，Arduino 取内部 1.1 V 基准电压作 ADC 的参考电压。当蓄电池的电压低于 6.5 V，并且光伏电池电压大于 8 V 时 Arduino 数字引脚 4 输出高电平，VT_1 导通，驱动 VT_2 也由截止转向饱和导通，光伏电池通过 VT_2 给充电电池充电。当充电电池电压大于 7.5 V 时，数字引脚 4 输出低电平，VT_1 截止，导致 VT_2 也截止，蓄电池停止充电。

由于在充、放电过程中蓄电池两端的电压是不断变化的，为了给 Arduino 提供稳定的电源，由 78L05 和 C 组成 5 V 稳压电路。S 为电源开关。

舵机控制脉冲由 Arduino 数字引脚 8 输出，当太阳刚升起时，舵机处于 15° 的位置，以后每过 1 h 顺时针转 15°，直至太阳下山后自动复位到 15° 位置，为第二天工作做好准备。

6.3 程序设计

程序主要由充电控制和舵机控制两部分组成，程序的舵机控制部分使用了 Servo 类库。

6.3.1 Servo 类库

在 6.1.2 节 "利用计算机串口控制舵机旋转角度的实验" 的程序中有关舵机控制的代码如果使用 Servo 类库，会使代码的编写更方便。Servo 类库是 Arduino IDE 安装时自带的，不需要添加安装。

Servo 类库主要用于 Arduino 控制舵机，类库中定义了一个 Servo 类，对于大多数 Arduino 控制器，Servo 类库最多支持 12 路舵机的控制，对于 Arduino MEGA 控制器可支持 48 路。下面介绍一下它的几个主要成员函数。

1. attach( )

功能：attach( ) 函数为舵机指定一个脉冲控制的引脚。

语法：

函数有两种形态：

```
servo. attach( pin)
servo. attach( pin,min,max)
```

参数：

Servo：由 Servo 定义的一个对象；

pin：指定的引脚号；

min：最小角度的脉宽值，单位 μs，默认最小值为 500，对应舵机角度 0°；

max：最大角度的脉宽值，单位 μs，默认最小值为 2500，对应舵机角度 180°。

例：

```
#include < Servo. h >
Servo myservo;
void setup( )
```

```
{
  myservo. attach(9);
}

void loop() {}
```

2. write()

功能：write()函数用于设置舵机的角度值。

语法：servo. write(angle)。

参数：

servo：Servo 定义的一个对象。

angle：舵机的角度值，取值范围 0°~180°。

例：

```
#include < Servo. h >
Servo myservo;
void setup()
{
  myservo. attach(9);
  myservo. write(90);          //设置舵机到中点位置
}

void loop() {}
```

3. writeMicroseconds()

功能：writeMicroseconds()函数用于设置控制舵机的脉冲宽度。

语法：servo. writeMicroseconds(value)。

参数：

servo：Servo 定义的一个对象。

value：设定的脉冲宽度值，单位 μs。

例：

```
#include < Servo. h >
Servo myservo;
void setup()
{
  myservo. attach(9);
  myservo. writeMicroseconds(1500);   //设置舵机到中点位置
}

void loop() {}
```

6.1.2 节中的程序代码如果用 Servo 类库编写，程序代码如下：

```
#include < Servo. h >
```

```
int servoPin = 5;
int inChar;
int angle;
intnumber;
Servo myservo;
void setup( )
{
    myservo. attach( servoPin);
    Serial. begin( 9600);
}

void loop( )
{
    //接收串口字符型数据,并将字符转换为整数
    while( Serial. available( ) > 0)
    {
        inChar = Serial. read( );
        if ( isDigit( inChar) )
            number = number * 10 + ( inChar - 48);
        angle = number;
    }
    number = 0;
    myservo. write( angle);
    delay( 20);
}
```

用了 Servo 类库后程序比原来简单多了。

6.3.2 程序

程序的流程图如图 6-10 所示。
程序代码如下:

```
#include < Servo. h >
Servo myservo;                    //创建一个舵机控制对象
int solarValue ;
int batteryValue ;
int controlPin = 4;               //数字引脚 4 作充电控制输出
int servoPin = 8;                 //数字引脚 8 作舵机脉冲控制信号输出
int m, n;

void setup( )
{
    pinMode( controlPin, OUTPUT);
```

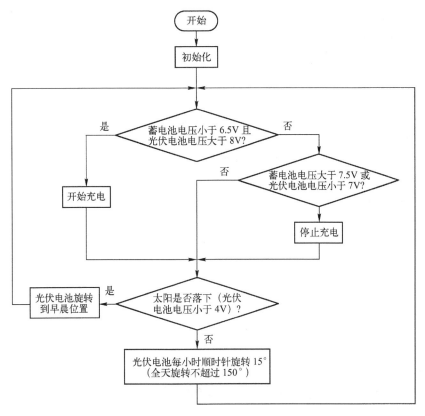

图 6-10   程序流程图

```
analogReference(INTERNAL);            //取单片机内部 1.1V 基准电压作 ADC 参考电压
myservo. attach(servoPin);
}


void loop()
{
    solarValue = analogRead(A0);
    batteryValue = analogRead(A1);
    if(batteryValue < 835 && solarValue > 676)     //判断充电电压是否低于 7 V,且光伏电池电压
                                                    是否大于 8 V
    digitalWrite(controlPin, HIGH);
    else if(batteryValue > 894 || solarValue < 592)  //判断充电电压是否高于 7.5 V,或光伏电池电
                                                    压是否小于 7 V
    digitalWrite(controlPin, LOW);
    if(solarValue < 338)          //判断太阳是否落下,把光伏电池电压下降到 4 V 作太阳下山的依据
    {
        delay(1000);
        if(solarValue < 338)
        {
            myservo. write(15);            //太阳下山后光伏电池板复位
```

137

```
        n = 0;                          //计时清 0
        m = 0;
      }
  }
  else
  myservo. write( 15 + 15 * n );         //白天每过 1 h 光伏电池板顺时针旋转 15°
  delay( 1000 );                         //延时 1 s
  //计时,每过 1 s m 增加 1,每过 1 h n 增加 1
  m ++ ;
  if( m == 3600 )
  {
    m = 0;
    n ++ ;
    if( n > 10 )
    n = 10;
  }
}
```

程序解读:

1. 模拟输入端模数转换值与电池电压值关系的计算

读完上述程序,大家可能对程序中 835、894、676 等数据是怎么得出来的感到疑惑,这要结合电路进行分析、计算。

我们知道蓄电池在充电时必须对充电电压进行监测,当蓄电池电压下降到一定值时开始充电;电池充满时要及时停止充电,以免损坏电池。对光伏电池和蓄电池电压的测量分别由 Arduino 的模拟输入端 A0、A1 完成,为了避免外部电压变化的影响,选用了单片机内部的 1.1 V 基准电压作模数转换的参考电压,当输入电压为 1.1 V 时转换值为 1023。因为能测量的最高电压为 1.1 V,所以测量时要使用分压电路,以扩大量程。电路中测量蓄电池的分压电路由 6.8 kΩ 和 1 kΩ 电阻组成,分压比为 1:7.8。

假如 A1 端的模拟转换值为 A,则不难得出蓄电池电压值为

$$V = \frac{A}{1023} \times 1.1 \times 7.8$$

因此

$$A = \frac{V \times 1023}{1.1 \times 7.8}$$

当 V = 7 时 A ≈ 835;当 V = 7.5 时 A ≈ 894。这两个数值在程序中用作蓄电池开始充电和停止充电的判断依据。

测量光伏电池的分压电路由 10 kΩ 和 1 kΩ 电阻组成,分压比为 1:11。假如 A0 端的模拟转换值为 A,同样地,我们可以得到光伏电池电压值为

$$V = \frac{A}{1023} \times 1.1 \times 11$$

所以

$$A = \frac{V \times 1023}{1.1 \times 11}$$

由此可以计算出当 V = 8 时 A ≈ 676；V = 7 时 A ≈ 592；当 V = 4 时 A ≈ 338。这三个数据在程序中分别作为光伏电池能正常充电、光伏电池因供电压低停止充电和太阳下山的依据。

上述数据在电路调试过程中可以根据实际情况作适当调整。

2. 光伏电池板跟踪太阳的方式

太阳能光伏电池板正对太阳时其获得的能量最大，可以使用电动机控制其跟踪太阳旋转，如同向日葵。跟踪太阳的方式可以用光敏电阻做一个传感器，检测太阳垂直光线的位置，以此控制光伏电池板的转动；也可以采用定时偏传的方式。本实例采用了第二种方式，只进行水平旋转，用舵机作控制电动机，光伏电池每小时顺时针水平旋转 15°。每小时旋转的角度可根据所处的纬度进行调整，纬度小时增加，纬度大时减小，也可在实际使用时进行调整，比如太阳跑得比它快就增加角度，反之减小角度。

由于对舵机定时旋转的计时精度要求不高，因此可以用延时函数 delay( ) 作计时用，延时时间设为 1 s，这样在函数 loop( ) 中因为其他语句运行的时间可以忽略不计时，循环一次为 1 s。用变量 m 作秒计时，用变量 n 作小时计时，m 每计满 3600 时 n 增加 1。

每到 1 个整点时舵机就旋转 15°，如果一天旋转 10 次总共就是旋转 150°，150° 的旋转角度对我国大部分地域都足够了。

光伏电池在这里也起到了光敏传感器的作用，用它作为太阳落下的检测传感器，把光伏电池电压下降到 4 V 作为太阳落下的检测标准，当太阳落下后光伏电池停止顺时针旋转，并按逆时针旋转回到早晨的位置，对应角度为 15°。

3. 应用不同旋转方向舵机程序的调整

上述程序是针对从 0° ~ 180° 为顺时针方向旋转的舵机设计的，如果使用从 0° ~ 180° 为逆时针方向旋转的舵机，早晨到晚上的旋转方向就相反了，这时只要将程序中的语句

    myservo. write(15 + 15 * n) ;

修改成

    myservo. write(165 - 15 * n) ;

将

    myservo. write(15) ;

修改为

    myservo. write(165) ;

这样早上停在 165° 位置，每过一小时减小 15°。从早到晚的变化范围为 165° ~ 15°。

细心的读者可能注意到程序中没有用到 0° 和 180°，早晨是从 15° 开始旋转而不是从 0° 开始旋转，这是因为舵机总有一点误差，有时候设置到 0° 或 180° 往往转不到位，但是电动机

还试图转到位，这时候就会发生抖动，工作电流也和正常转动时差不多，正常情况下舵机旋转到指定的位置后的静态电流应该只有数毫安。作者测试了两只舵机，都存在有一端旋转不到位发生抖动的现象，这时候的工作都达到了 100mA 以上，不但耗电，而且影响舵机的使用寿命。因此编写程序时设置舵机在 15°～165°的范围内工作，而没有设置在 0°～150°或 30°～180°的范围内。

6.4　安装调试与使用

6.4.1　下载程序

太阳能光伏电池系统控制器也使用了 Arduino Pro mini，因此下载程序的方法和 5.4.1 节相同，不再重复。

6.4.2　设计制作 PCB

太阳能光伏电池系统控制器电路比较复杂，连线比较多，如果用洞洞板制作会比较困难，接线也容易出错，因此采用印刷电路板即 PCB 制作。

PCB 用 Protel 软件设计，设计好的 PCB 如图 6-11 所示。

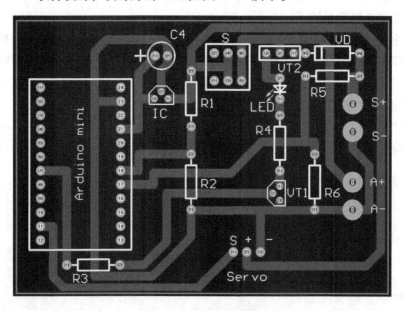

图 6-11　PCB 设计图

PCB 采用热转印的方法制作，用激光打印机将 PCB 图打印在热转印纸上，打印时只要选择打印底层就行了，打印好的热转印如图 6-12 所示。

将制作 PCB 的覆铜板清洗干净，将打印纸有墨的一侧贴在覆铜板上，用热转印机将墨粉转印到铜箔面上，热转印机的温度要调到 185～200℃。如果没有热转印机，也可以用电熨斗。转印结束待板子冷却后揭下转印纸，如果转印纸上的墨粉全部印到了覆铜板上，说明转印成功了，转印好的PCB如图6-13所示。仔细检查铜箔面上印刷的线条有没有缺损，有缺损要用记号笔补上。

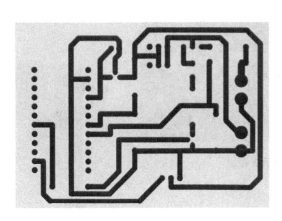

图6-12　打印好的热转印纸

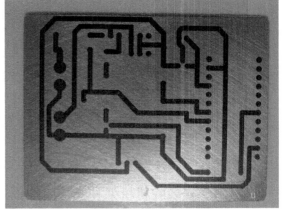

图6-13　转印好的PCB

把转印好的覆铜板放在三氯化铁溶液里腐蚀，待没有墨粉的铜箔部分被腐蚀完后即取出，取出后先放在清水里冲洗，同时将墨粉擦除干净，用直径0.8或1的钻头打孔。

6.4.3　装配电路板

安装时要注意二极管、晶体管、LED、电解电容等元件是有极性的，安装时这些元件的引脚位置不能搞错。晶体管BD140和9014引脚如图6-14所示，不同厂家的产品引脚位置有可能不一样，使用前最好用万用表判断一下。

安装好的电路板元件面如图6-15所示，焊接面如图6-16所示。

图6-14　BD140和9014引脚图

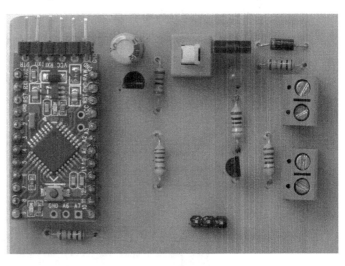

图6-15　电路板元件面

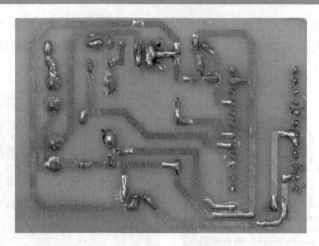

图 6-16　电路板焊接面

6.4.4　安装舵机机架和光伏电池板

舵机要配一个支架，先将支架固定在放置太阳能电池板的基座上，如图 6-17 所示。再将舵机固定在支架上，如图 6-18 所示。

图 6-17　固定舵机支架

图 6-18　固定舵机

为光伏电池板做一个支架，最好用铝板制作，没有铝板的话也可以用有机玻璃制作，支架上端弯曲的角度可根据所在地的纬度确定。制作好以后根据舵盘的尺寸打孔，如图 6-19 所示。把舵盘固定在上面，然后用 AB 胶将其粘贴固定在光伏电池板背面，如图 6-20 所示。最后再将光伏电池板固定在舵机上，如图 6-21 所示。

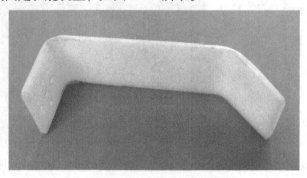

图 6-19　光伏电池板支架

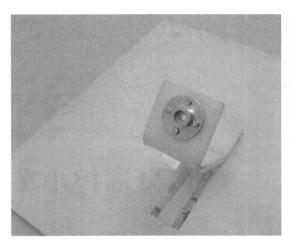

图 6-20　支架和光伏电池板固定

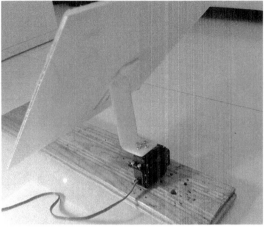

图 6-21　装配光伏电池板

6.4.5　调试与使用

　　将舵机、蓄电池、光伏电池和电路板连接好，如图 6-22 所示。接线要特别注意蓄电池极性不要接反了，否则有可能造成电路板上元器件的损坏。

图 6-22　装配好的光伏电池系统

　　把开关 S 接通，电路即开始工作，舵机回到早晨的 15° 位置，将光伏电池放在阳光下，根据 LED 是否点亮就知道蓄电池是否在充电了。用万用表监测蓄电池的电压，看开始充电电压和结束充电电压与设计的值是否接近。

　　在使用过程中我们可以将用电器同时接在蓄电池上，形成一个完整的应用系统。

第7章

蓝牙遥控小车

电动小车永远是小孩的所爱，也是许多大人喜欢 DIY 的东西。本章介绍一个可用安卓手机控制的蓝牙遥控小车。

7.1 预备知识

7.1.1 蓝牙串口模块

蓝牙（Bluetooth）是一种短距离无线传输技术，由通信协议和硬件收发器芯片组成，传输距离近、低功耗。它使用 2.4 ~ 2.4835 GHz 的 ISM 波段的无线电波，利用蓝牙技术，能够以无线电通信的方式简化掌上电脑、笔记本电脑和手机等移动通信终端设备之间的通信，也能够简化这些设备与因特网 Internet 之间的通信。另外，在无线鼠标、蓝牙耳机、无线遥控器、游戏手柄、新型数码相机、媒体播放器等设备中也使用了蓝牙技术。对于没有蓝牙的计算机，配置一个 USB 蓝牙适配器就可以和其他蓝牙设备通信了。

蓝牙遥控小车上用的蓝牙设备是一块蓝牙串口模块，通过它可以实现 Arduino 和计算机或手机之间的无线串口通信。蓝牙串口模块的外形和主要端口如图 7-1 所示，这个模块可以方便地焊接到电路板上使用。有时候为了方便，将模块焊接在一块底板上作独立模块使用，底板上已经焊接好作蓝牙工作状态指示用的 LED 和插件等附件，电源电压范围也从原来的 3.3 V 扩展到 3.6 ~ 6 V，可以接 5 V 电源使用，引出接口包括 VCC，GND，TXD，RXD 等，直接用杜邦线连接就可以使用了，带底板的蓝牙串口模块如图 7-2 所示。蓝牙串口模块未配对时工作电流约 30 mA，配对后工作电流约 10 mA，有效通信距离可达 10 m，电源电压不超过 7 V。TXD 和 RXD 接口电平为 3.3 V，但可以直接和 Arduino 连接，不用进行电平转换。TXD 为自己的发送端，使用时必须接另一个设备的 RXD；RXD 为自己的接收端，使用时必须接另一个设备的 TXD。

蓝牙串口模块有主机和从机之分，相互通信的一对必须一个是主机，一个是从机。因此蓝牙串口模块有主机、从机和主从一体机三种规格，其中主从一体机既可以作主机用，也可以作从机用，可通过编程确定其类型。这个实例使用的是从机模块。

图 7-1　蓝牙串口模块　　　　　　　　图 7-2　带底板蓝牙串口模块

7.1.2　直流电动机和驱动模块

直流电动机是指能将直流电能转换成机械能的设备。其两端接上额定的直流电源（如电池）就能转动，小型直流电动机广泛应用在各种电动玩具中，比如遥控小车、遥控舰船、小机器人等。

直流电动机分有刷直流电动机和无刷直流电动机，电动玩具中大多使用的是有刷直流电动机，计算机中散热风扇使用的是无刷直流电动机。

遥控小车中使用电动机时通常要用变速器降低转速，在降低转速的同时也增加了力矩。图 7-3 所示是一个典型的带有变速器的直流电动机。

直流电动机的工作电流较大，Arduino 的输出端口无法直接驱动，通常要使用晶体管或场效应晶体管作为开关将其接在直流电源上，控制其转动或停止。用晶体管控制直流电动机的电路如图 7-4 所示。图中直流电动机使用了一组独立的电源，这样做的目的是防止直流电

图 7-3　带有变速器的直流电动机

动机电刷产生的电火花以及电压波动干扰 Arduino 的正常工作。

在电路中，当 Arduino 的 9 号引脚输出高电平时晶体管 VT 导通，直流电动机转动；输出低电平时直流电动机停止。如果用 PWM 脉冲信号控制晶体管 VT，则可以通过调整脉冲宽度改变直流电动机的速度。图中二极管 VD 用于吸收直流电动机断电时所产生反向高压脉冲，以避免晶体管 VT 被反向高压击穿损坏。

上述电路中，直流电动机只能向一个方向转动，如果想让直流电动机能够改变旋转方向，这时就需要 H 桥电路了。

为了改变直流电动机旋转的方向，必须改变电流的方向。这就要使用 4 个开关或者 4 个三极管。电路图如图 7-5 所示，通过不同开关的断开和闭合来控制直流电动机的转动方向。

由于电路的形状像 H，又像一个电桥电路，所以称为 H 桥电路。

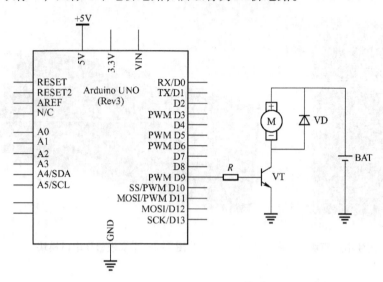

图 7-4　用三极管控制直流电动机的电路

在图中，让开关 S_1、S_4 闭合，开关 S_2、S_3 断开，这样的组合使电流从直流电动机的正极 A 流向负极 B，直流电动机正转；让开关 S_2、S_3 闭合，开关 S_1、S_4 断开，则电流就会从直流电动机负极 B 流向正极 A，直流电动机反转。

这个电路也有一个缺陷，假如 S_1、S_2 同时闭合或者 S_3、S_4 同时闭合就会造成电源的短路。在实际应用中我们是用晶体管或者场效应晶体管替代机械开关的，在电路设计时就要避免这种现象的发生。

用晶体管搭建 H 桥电路时，由于电路比较复杂，不是一件容易的事，好在现在有很多 H 桥集成电路可供选择使用，其中最常用的是 L298N 和 L9110，L298N 是双 H 桥电路，可以驱动两路电动机，L9110 是单 H 桥电路。现在有基于它们的 Arduino 扩展模块供选择使用，每种模块都可以驱动两个电动机，电路模块如图 7-6 所示。其中 L9110 电路模块用了两片 L9110。

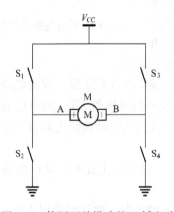

图 7-5　使用开关搭建的 H 桥电路　　　　　图 7-6　H 桥集成电路模块

蓝牙遥控小车使用的直流电动机功率较小，选用了 L9110 电路模块。L9110 电源电压范围：2.5～12 V；每通道具有 800 mA 连续电流输出能力。

　　L9110 有 DIP8 和 SOP8 两种封装，其引脚图如图 7-7 所示。引脚定义见表 7-1。应用电路如图 7-8 所示，当 IA 高电平、IB 为低电平时直流电动机反转；当 IA 低电平、IB 为高电平时直流电动机正转。

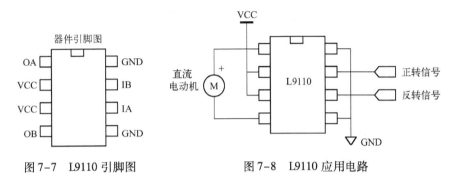

图 7-7　L9110 引脚图　　　　　　　图 7-8　L9110 应用电路

表 7-1　引脚定义

序　号	符　号	功　　能	序　号	符　号	功　　能
1	OA	A 路输出引脚	5	GND	地线
2	V_{CC}	电源电压	6	IA	A 路输入引脚
3	V_{CC}	电源电压	7	IB	B 路输入引脚
4	OB	B 路输出引脚	8	GND	地线

7.2　硬件电路

7.2.1　元器件清单

　　元器件清单见表 7-2。

表 7-2　元器件清单

序号	名　　称	标　号	规格型号	数　量
1	Arduino 控制器		ArduinoUNO	1
2	蓝牙模块		HC－6	1
3	H 桥电路模块		L9110	1
4	电源开关	S		1
5	面包板		3.5 cm×4.5 cm	1
6	电动小车套件			1
7	电池盒		装 5 号充电电池 4 节	1

　　清单中电动小车套件是买的一套散件，主要部件见表 7-3。

147

表 7-3　电动小车套件清单

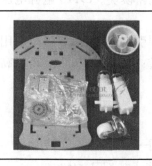

名　称	数　量
3 mm 亚克力底盘	1 块
电动机	2 个（1:48）
65 mm 橡胶轮	2 个
1 寸万向轮	1 个（配铜柱螺钉）
码盘	2 个
铝片固定件	2 套（配螺钉）

7.2.2　电路工作原理

蓝牙遥控小车电路如图 7-9 所示。

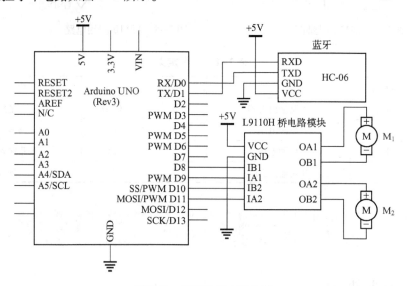

图 7-9　蓝牙遥控小车电路

蓝牙模块收到的指令通过串口传递给 Arduino，由 Arduino 对两个直流电动机作相应的控制。小车左右两个驱动轮分别用两个直流电动机驱动，当电动机 M_1 正转、M_2 反转时小车前进（两个电动机安装方向相反）；当电动机 M_1 反转、M_2 正转时电动机后退。小车没有设置方向轮，通过调节左右两个电动机不同的转速改变行进方向，当电动机 M_1 比 M_2 的速度快时小车右转；当电动机 M_2 比 M_1 的速度快时小车左转。

L9110 H 桥模块含两片 L9110，分别独立控制两只电动机，其中 IA1、IB1 端控制电动机 M_1，IA2、IB2 端控制电动机 M_2。以 M_1 为例说明控制方式，当 IA1 为高电平、IB1 为低电平时电动机 M_1 反转；当 IA1 为低电平、IB1 为高电平时 M_1 正转；当 IA1 和 IB1 同为高电平或者同为低电平时电动机制动，如图 7-10 所示。

如果 IA1 输入 PWM 脉冲就可调整 M_1 的转速，当 IB1 为高电平时，M_1 正转，IA1 端输入的脉冲宽度越宽 M_1 转速越慢；当 IB1 为低电平时，M_1 反转，IA1 端输入的脉冲宽度越宽 M_1 转速越快。

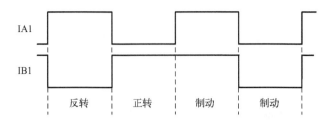

图 7-10 电动机 M_1 工作状态与输入端 IA1、IB1 电平的关系

7.3 程序设计

程序由小车的 Arduino 程序和手机（上位机）APP 软件组成。

7.3.1 Arduino 程序

Arduino 程序由串口接收和小车控制两部分组成。

void loop( )函数主要接收串口指令数据，并根据接收到指令数据进行相应的操作。

程序编写采用了模块化设计的方法，每个指令对应的动作都编写了一个函数，如加速函数、减速函数、右转函数、左转函数等，在 void loop( )函数中根据指令调用相应的函数，采用模块化设计使程序得到了简化，层次更加清楚，也便于调试和修改维护。

程序代码如下：

```
int motorIA1 = 9;
int motorIB1 = 8;
int motorIA2 = 11;
int motorIB2 = 10;
int speedPWM = 255;
boolean    flag = true;
char code;                          //定义字符变量

void setup( )
{
  Serial. begin(9600);
  pinMode(motorIA1, OUTPUT);
  pinMode(motorIB1, OUTPUT);
  pinMode(motorIA2, OUTPUT);
  pinMode(motorIB2, OUTPUT);
}

void loop( )
{
  if(Serial. available( ) > 0)         //判断缓冲区中有无数据
```

```
    {
       code = Serial. read( ) ;                    //读取数据
       switch( code)
       {
         case  '1' : advance( ) ; break ;          //前进
         case  '2' : backup( ) ; break ;           //后退
         case  '3' : turnleft( ) ; break ;         //左转
         case  '4' : turnright( ) ; break ;        //右转
         case  '5' : stopa( ) ; break ;            //停止
         case  '6' : increase( ) ; break ;         //加速
         case  '7' : decrease( ) ; break ;         //减速
         default : break ;
       }
       delay( 100) ;
    }
}
//前进函数
void advance( )
{
    analogWrite( motorIA1 , speedPWM) ;            //直流电动机(左)正转,可调速
    digitalWrite( motorIB1 , LOW) ;
    analogWrite( motorIA2 , 255 - speedPWM) ;      //直流电动机(右)反转,可调速
    digitalWrite( motorIB2 , HIGH) ;
    flag = true ;
}
//后退函数
void backup( )
{
    analogWrite( motorIA1 , 255 - speedPWM) ;      //直流电动机(左)反转,可调速
    digitalWrite( motorIB1 , HIGH) ;
    analogWrite( motorIA2 , speedPWM) ;            //直流电动机(右)正转,可调速
    digitalWrite( motorIB2 , LOW) ;
flag =  false ;
}
//左转函数
void turnleft( )
{
    analogWrite( motorIA1 , speedPWM/2) ;          //直流电动机(左)正转,转速比另一边慢
    digitalWrite( motorIB1 , LOW) ;
    analogWrite( motorIA2 , 255 - speedPWM) ;      //直流电动机(右)反转
    digitalWrite( motorIB2 , HIGH) ;
    delay( 500) ;
}
```

```
//右转函数
void turnright( )
{
    analogWrite( motorIA1 , speedPWM) ;              //直流电动机(左)正转
    digitalWrite( motorIB1 , LOW) ;
    analogWrite( motorIA2 , 255 - speedPWM/2) ;      //直流电动机(右)反转,转速比另一边慢
    digitalWrite( motorIB2 , HIGH) ;
    delay( 500) ;
}
//停止函数
void stopa( )
{
    digitalWrite( motorIA1 , HIGH) ;                 //使直流电动机(左)制动
    digitalWrite( motorIB1 , HIGH) ;
    digitalWrite( motorIA2 , HIGH) ;                 //使直流电动机(右)制动
    digitalWrite( motorIB2 , HIGH) ;
}
//加速函数
void   increase( )
{
    if( speedPWM > 50)
    {
        speedPWM = speedPWM - 50;
        if( flag)
            advance( ) ;
        else
            backup( ) ;
    }
}
//减速函数
void decrease( )
{
    if( speedPWM  <= 205)
    {
        speedPWM = speedPWM + 50;
        if( flag)
            advance( ) ;
        else
            backup( ) ;
    }
}
```

程序解读：

Arduino 收到手机发送的指令后，用 switch 语句完成对指令的译码，并执行相应的操作。每个电动机 H 桥电路模块的两个控制端中的一个接 Arduino 的模拟输出端，用来实现对电动机的调速。

7.3.2　手机 APP 软件

手机端控制软件有 7 个按键，分别为前进、后退、左转、右转、停止、加速、减速，按键时对应发送 1 ~ 7 的字符，即按"前进"发送 1，按"后退"发送 2。

软件用 App Inventor 2（简称 AI2）开发工具编写，Google 的 App Inventor 是一个完全在线开发的 Android 编程环境，它是通过可视化的指令模块来编程的，目前国内 MIT App Inventor 服务器的地址是：http://app. gzjkw. net，在这个网站注册后即可使用它的编程环境了。

遥控小车程序"组件设计"窗口如图 7-11 所示，"逻辑设计"窗口如图 7-12 所示，设计时先进行组件设计，再进行逻辑设计，具体的设计过程因篇幅所限就不详细介绍了，本书配套光盘里有安卓手机 APP 安装包。

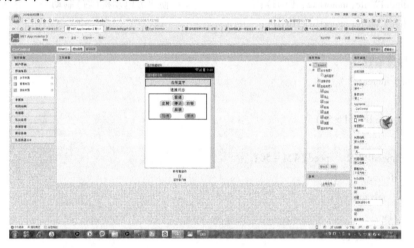

图 7-11　遥控小车程序"组件设计"窗口

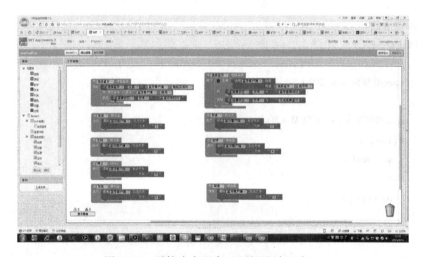

图 7-12　遥控小车程序"逻辑设计"窗口

软件在手机上安装后的操作窗口如图 7-13 所示。

上面的程序是作者专门为蓝牙遥控小车编写的，我们也可以用通用的手机版蓝牙串口软件，图 7-14 所示的"SPP 蓝牙串口"就是这样一款软件（软件见配套光盘）。运行软件后将其切换到"键盘"模式，它有 12 个键可供定义，按住一个键不放就会跳出一个设置窗口，输入键的名称和要发送的信息，按"确定"按钮即可设置一个按键。比如输入键名：前进，信息：1，即可设置小车"前进"的指令按键，如图 7-15 所示。全部按键设置好的窗口如图 7-16 所示。

图 7-13　手机操作窗口

图 7-14　蓝牙串口软件

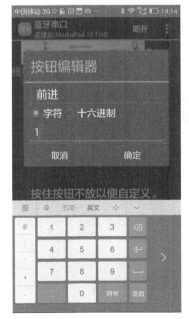

图 7-15　蓝牙串口按键设置

图 7-16　设置好的按键窗口

7.4 安装调试与使用

    蓝牙遥控小车可使用现成的套件组装，蓝牙和电动机驱动也使用成品模块，再用一块小
面包板接线，因此安装工作并不复杂。

7.4.1 小车的装配

1. 将减速电动机安装在底盘上，如图 7-17 所示。

图 7-17 安装减速电动机

2. 在万向轮装上 4 个铜柱，如图 7-18 所示。

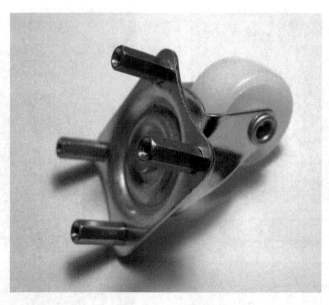

图 7-18 万向轮

3. 万向轮固定在底盘上，将两只车轮固定到电动机轴上，这样小车就装好了，如图 7-19 所示。

图 7-19　装配好的小车

7.4.2　控制电路搭建

1. 底盘上用螺钉固定好 Arduino UNO 控制器、蓝牙模块、电动机驱动模块，装上电源开关，如图 7-20 所示。

图 7-20　装配控制模块

2. 去掉面包板反面上的一层纸，利用其自粘层将面包板固定在小车底盘上，再用双面胶将电池盒粘在底盘上。

3. 接好两个电动机的连线，如图 7-21 所示。

图 7-21　焊接减速电池连线

4. 用杜邦线连接各模块和控制器，连接电动机，在电源正极连线中接入电池开关，电池正和接地都使用面包板作公共接线端。安装要特别注意 L9110 H 桥电路模块的 5 V 端不要接在 Arduino 电路板的 5 V 输出端，要直接接在电池正板，因为两个电动机的工作电流超过了 Arduino 电路板的 5 V 输出端最大输出电流，容易造成电路板的损坏。

至此蓝牙遥控小车就安装好了，如图 7-22 所示。

图 7-22　装配好的蓝牙小车

7.4.3　下载程序与调试

断开电源，用 USB 线连接计算机下载程序。注意下载程序前要将蓝牙模块断电（拔下电源正极即可），不然有可能造成串口冲突无法下载程序，因为蓝牙通信也使用了 Arduino 的串口。

下载完程序后重新接通电源，这时候我们可以看到蓝牙模块的指示灯在闪烁，说明它还没有配对，接下来将其和手机蓝牙进行配对。过程如下：

1. 打开手机的蓝牙功能，搜索蓝牙就能找到小车的蓝牙模块，如图 7-23 所示。

2. 单击找到的蓝牙模块 HC-6 进行配对，如图 7-24 所示，配对成功后 HC-6 会出现在"已配对的蓝牙"值列表中，如图 7-25 所示。

图 7-23　搜索蓝牙模块

图 7-24　蓝牙模块配对

3. 退出设置，打开手机端控制 APP，单出"选择蓝牙"，在跳出的窗口中选择刚才配对的蓝牙 HC-6，如图 7-26 所示。成功后自动返回主窗口，显示连接成功，如图 7-27 所示。如果蓝牙模块连接不上，请检查其接线有无错误，比如 TXD 和 RXD 有没有接反，连线有没有松动。

图 7-25　蓝牙配对成功

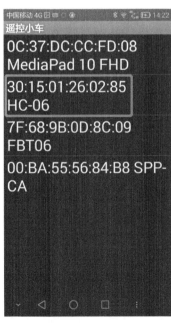

图 7-26　单击配对的蓝牙模块

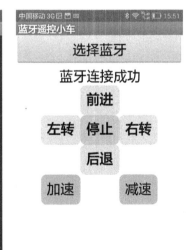

图 7-27　连接成功

蓝牙模块连接成功以后其指示灯就常亮不闪烁了。这时单击"前进"、"后退"、"停止"等按钮就可以控制小车的运动了。

在控制过程中如果发现小车的动作和操作的不一致，说明电动机的接线有误了，其常见故障和解决方法见表 7-4。

表 7-4　电动机常见故障和解决方法

序 号	故 障 现 象	原因及解决方法
1	电动机不转动	检查电动机和驱动模块接线是否松动或错误
2	按"前进"或"后退"按钮时小车在原地打转	有 1 只电动机的连线接反了，调换接头
3	按"前进"小车后退；按"后退"小车前进	两个电动机的连线均接反了，调换每个电动机的接头
4	按"左转"小车右转；按"右转"小车左转	两个电动机连线接错位置了，左右调换一下

第8章

数控直流稳压电源

在电子制作中，电源是必不可少的设备之一，可以用电池做电源，也可用电源适配器作电源，甚至闲置的手机和平板电脑充电器也可以用来作电源，但这些电源输出电压都是固定的，不一定能满足我们的需求，如果有一个输出电压可调的直流稳压电源就方便了，这一章介绍一个用 Arduino 做的数控直流稳压电源，输出电压可在 0～12 V 之间调节，最大输出电流 1 A。

8.1　预备知识

稳压电源可分为交流稳压电源和直流稳压电源两大类。本章只讨论直流稳压电源，直流稳压电源当负载的工作电流在一定范围内发生变化或输入电压在一定范围内波动时，其输出电压能基本保持不变。

图 8-1 所示为最简单的采用稳压二极管的直流稳压电路，图中 R 为限流电阻，R_L 负载电阻。由整流滤波电路输出的直流电压作为稳压电路的输入电压 V_i。稳压后的输出电压从稳压二极管 VD 的两端取出，输出电压

$$V_o = V_i - IR$$

并且等于稳压二极管的反向击穿电压（即稳定电压）。这种稳压电路前面我们已经用过，它的工作原理是基于图 8-2 所示的特性曲线，图中 V_z 称为击穿电压，在击穿区当电流变化时 V_z 却几乎保持不变，利用这一特性即可获得稳压的效果。

图 8-1　最简单稳压电路

上述这种简单的稳压电路能提供给负载的电流小于稳压二极管的最大工作电流，因此只能做小功率的稳压电源，或者给稳压电源提供基准电压。

图 8-3 所示的串联型晶体管稳压电源是稳压电源最常采用的结构，称为串联型是因为调整管 VT_1 是串联在输入电压和输出电压之间，大部分稳压集成电路（比如 LM78XX 系列）内部的电路就是以它为基础设计的。

图中 R_2 和 VD 组成简单的稳压电路提供基准电压，VT_1 为调整管，VT_2 作比较放大器，

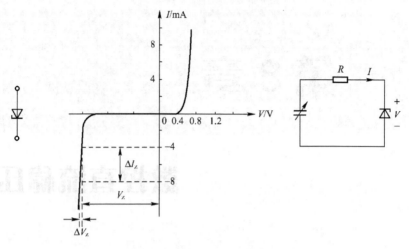

图 8-2　稳压二极管特性曲线

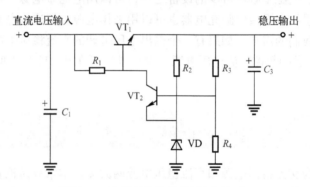

图 8-3　串联型晶体管稳压电源电路

R_3、R_4 组成输出电压的取样电路。这个稳压电源的结构可用图 8-4 所示的方框图来表示。

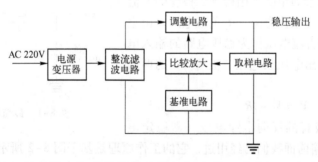

图 8-4　串联型晶体管稳压电源方框图

　　因为下面要做的数控直流稳压电源是以这个电路为基础的，所以我们要先了解一下这个电路的工作原理。

　　可能引起稳压电源输出电压发生变化的因素有两个：一是输入电压的变化；二是负载电流的变化。

　　对于输入电压变化的稳压过程如下：

　　当负载不变，输入电压 V_i 变化时，如 V_i 增加，则因负载电流 I_L 有增加的趋势而使 V_o 增加，取样电压相应增加，即 VT_2 的基极电位上升。因为基准电压 V_z 使 VT_2 的发射极电位保持不变，故 VT_2 的基极—发射极的正向电压增加，经 VT_2 放大使 VT_2 的集电极电位下降，使调整管 VT_1 基极—发射极的正向电压减小，结果集电极—发射极的电阻增加，管压降增加，从而使输出电压 V_o 下降。这样就能让 V_o 输入电压 V_i 增加时基本保持不变。

同样道理，当 V_i 减小时，通过反馈作用又会使 V_o 上升，使 V_o 基本保持不变。

对于负载电流变化有可能引起输出电压 V_o 变化的稳压过程，分析方法和上述类似，留给读者自己分析。

串联型晶体管稳压电源输出电压 V_o 由基准电压 V_z 和取样电路 R_3、R_4 的分压比决定，如果将 VT_2 基极的分流作用和 VT_2 的基极—发射极电压因其影响很小均忽略不计的话，不难推导出

$$V_o \approx \frac{R_3 + R_4}{R_4} V_z$$

公式告诉我们，改变基准电压 V_z 和取样电阻的分压比均可以调整输出电压的大小，当然要保证取样后 R_4 上的电压要大于基准电压。在实际电路中往往在取样电路中接一个电位器，通过调节电位器改变取样电压的大小，从而调节输出电压。而我们要做的数控直流稳压电源则是采用另一种方法调节输出电压的大小，即保持取样电路的分压比不变，通过改变基准电压来调节输出电压的大小，基准电压不用稳压二极管了，由 Arduino 产生，通过按键调节基准电压的大小，同时用 Arduino 测量输出电压，通过 LED 数码管显示输出电压值。

8.2　硬件电路

8.2.1　元器件清单

元器件清单见表 8-1。

表 8-1　元器件清单

序号	名　称	标　号	规格型号	数　量
1	Arduino 控制器		Arduino Nano	1
2	三端稳压集成块	IC_1	LM7805	1
3	双运放集成电路	IC_2	LM358	1
4	电阻	$R_1 \sim R_8$	1 kΩ 1/4 W	8
5	电阻	R_9	300 Ω 1/4 W	1
6	电阻	R_{10}	200 Ω 1/4 W	1
7	电阻	R_{11}、R_{12}	10 kΩ 1/4 W	2
8	电阻	R_{13}	1 kΩ 1/4 W	1
9	电阻	R_{14}	7501/4 W	1
10	可变电阻	RP	220 Ω	1
11	电解电容	C_1	2200 μF 25 V	1

（续）

序号	名　称	标　号	规格型号	数　量
12	电解电容	C_2	10 μF 25 V	1
13	电解电容	C_3	470 μF 16 V	1
14	电解电容	C_6	100 μF 16 V	1
15	电解电容	C_4、C_5	10 μF 16 V	2
16	4 位共阴数码管	DS	LG5641AH	1
17	开关	S_1、S_2、S_3		3
18	电源开关	S_4		1
20	熔丝	FU	0.25 A	1
21	接线柱			2
22	整流桥		2 A	1
23	达林顿管	VT	TIP122	1
24	LM7805 散热板			1
25	TIP122 散热板			1
26	电源变压器	T	输出电压 12 V 功率 20 W	1
27	PCB		10 cm×9.5 cm	1
28	机箱			1

表中几个元器件的说明：

1. 三端稳压集成块 LM7805

LM7805 和 78C05 功能一样，功率比 78C05 大，输出电压 5 V，最大输出电流 1 A，其引脚如图 8-5 所示。

2. 双运算放大器 LM358

LM358 内部有两个运算放大器，引脚功能如图 8-6 所示。运算放大器（简称"运放"）是具有很高放大倍数的电路单元。在实际电路中，通常结合反馈网络共同组成某种功能模块。

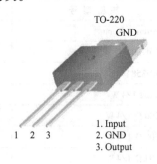

图 8-5　LM7805 引脚功能

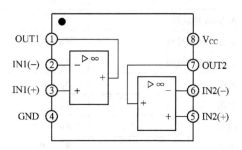

图 8-6　LM358 引脚功能

运放如图 8-7 所示，有两个输入端：同相输入端（＋）、反相输入端（－），一个输出端 O。当信号由同相输入端（＋）输入时，输出的信号与输入信号同相位（即输入信号高时输出信号也高）；当信号由反相输入端（＋）输入时，输出的信号与输入信号相位相反

（即输入信号高时输出信号反而变低）。

3. 4 位共阴数码管

4 位共阴数码管是把 4 个数码管做成一体了，外形如图 8-8 所示，对应 4 个数码管有 4 个阴极，4 个数码管相同的字段引脚都并联在一起了，内部引脚接线如图 8-9 所示。这种一体数码管不可能同一时间驱动 4 个数码管，除非显示同一具数字，因此要采用扫描显示的方式，即依次显示 4 个各自对应的数字，由于扫描速度很快，让我们感觉不到数字是一个一个显示的。

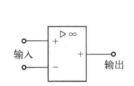

图 8-7 运放的表示符号

图 8-8 4 位共阴数码管

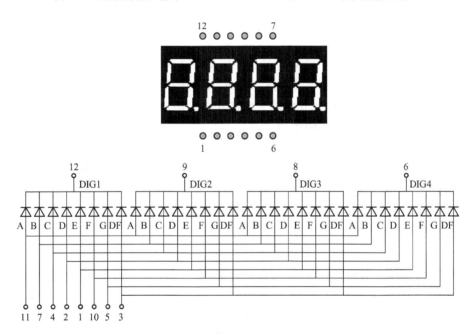

图 8-9 4 位共阴数码管引脚图

4. 达林顿管

达林顿管就是两个晶体管接在一起，极性只认前面的晶体管。具体接法如下，以两个相同极性的晶体管为例，VT_1 晶体管集电极跟 VT_2 晶体管集电极相接，VT_1 晶体管发射极跟 VT_2 晶体管基极相接，VT_1 晶体管功率一般比 VT_2 晶体管小，VT_1 晶体管基极为达林顿管基极，VT_2 晶体管发射极为达林顿管发射极，用法跟晶体管一样，放大倍数是两个晶体管放大倍数的乘积。两个 NPN 型的晶体管接成达林顿管如图 8-10 所示。

TIP122 是 NPN 型达林顿管，其引脚如图 8-11 所示。

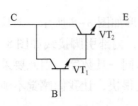

图 8-10　两个 NPN 型的晶体管接成达林顿管

图 8-11　TIP122 引脚图

8.2.2　电路工作原理

数控直流稳压电源电路如图 8-12 所示。和常规的串联稳压电路相比，这里作了两点改动：一是用运放 IC2B 代替晶体管作比较放大器，这里运放接成差分放大的模式；二是去掉了稳压二极管，用 Arduino 输出的 PWM 脉冲经滤波后提供基准电压，运放 IC2A 接成一个电压跟随器，电压放大倍数等于 1，它的输入阻抗很高，使 R_{11}、C_4 和 R_{12}、C_5 组成的两级 RC 波波电路负载很轻。它的输出阻抗很低，使得负载的变化对输出电压的变化影响极小，电压跟随器主要起到阻抗匹配的作用。

Arduino 数字引脚 5 输出的 PWM 脉冲经两级 RC 滤波电路滤波后，在运放 IC2A 的同相输入端得到和脉宽成正比的平滑直流电压，由 IC2A 的输出端输出基准电压。基准电压和稳压电源输出端的取样电压经 IC2B 比较放大后在其输出端输出调整电压，通过改变稳压输出电压的大小，从而达到稳定电压的作用。

按键 S_1、S_2 用来调节 PWM 脉冲的脉宽，按 S_1 时脉宽增加，基准电压升高，从而使稳压电源输出电压增加；按 S_2 时脉宽减小，基准电压下降，稳压电源输出电压减小，这样 S_1、S_2 就起到调节输出电压的作用。S_3 是保存当前电压值按钮，按一下就能把当前设置参数记下来，断电后也不消失，这样下次打开电源时就能恢复上一次的设置值。由于 Arduino 数字引脚基本上给数码管占用了，因此把 A0、A1、A2 当作数字引脚使用，作为按键的输入端。

三端稳压集成块 LM7805 单独给 Arduino 提供 5V 工作电源。输出电压的取样点为可变电阻 R_P 的滑动触点，不直接在输出端取样而经 R_{13}、R_P、R_{14} 分压后取样是因为 Arduino 模拟电压输入值不能大于 5V，取样电压经 A3 输入模数转换后再通过计算还原输出电压值。输出电压通过数码管显示，数码管的第二个数字后是小数点位。

4 位共阴数码的端口 a、b、c、d、e、f、g 对应数字的字段，dp 对应小数点，端口 1、2、3、4 分别为从左到右 4 个数字的阴极。显示时从左到右依次反复显示 4 个数字和小数点。以输出电压 11.23 V 为例，其点亮数码管的过程是：

1. D6～D13 输出十位数数字 1 的字段编码，D3 输出低电平，D2、D1、D0 输出高电平，数码管 1 显示数字 1，其余数码管熄灭，保持此状态 5 ms；

2. D6～D13 输出个位数数字 1 的字段编码，同时对应小数点 D6 输出低电平，D3 输出高电平，D2 输出低电平，D1、D0 输出高电平，数码管 2 显示数字 1 和小数点，其余数码管熄灭，保持此状态 5 ms；

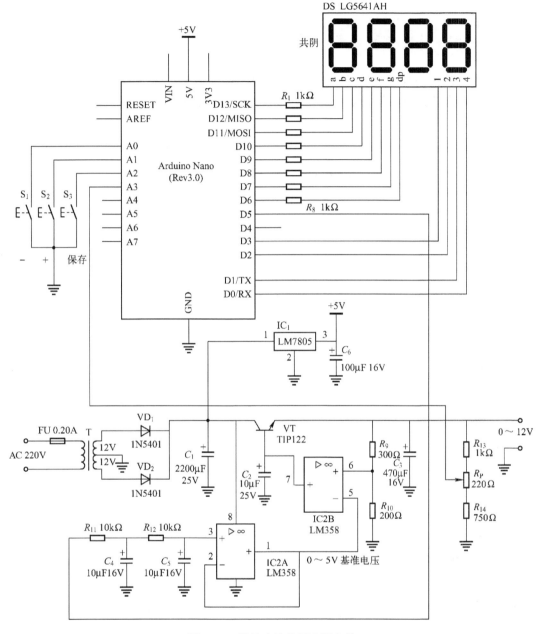

图 8-12　数控直流稳压电源电路

3. D6 ~ D13 输出十分位数数字 2 的字段编码，D3、D2 输出高电平，D1 输出低电平，D0 输出高电平，数码管 3 显示数字 2，其余数码管熄灭，保持此状态 5 ms；

4. D6 ~ D13 输出百分位数数字 3 的字段编码，D3、D2、D1 输出高电平，D0 输出低电平，数码管 4 显示数字 3，其余数码管熄灭，保持此状态 5 ms。

这样循环一次就完整的显示出了 11.23，用时约 20 ms，如此反复循环显示。由于人眼的视觉暂留作用，我们看到的数字是同时显示的。

R_1 ~ R_8 为数码管字段 LED 的限流电阻。

8.3　程序设计

　　程序由按键扫描处理、PWM 脉冲发生、输出电压取样处理、数码显示等部分组成。程序采用了模块化的设计，设置了模块的函数，以后编写其他相关程序时也可移植使用。

　　程序代码如下：

```
#include < EEPROM. h >    //使用 EEPROM 类库
long voltage;
intPWMout = 5;
int flag;
byte x;
int key1 = A0;
int key2 = A1;
int key3 = A2;
int a = 13;
int b = 12;
int c = 11;
int d = 10;
int e = 9;
int f = 8;
int g = 7;
int dp = 6;
int C1 = 3;
int C2 = 2;
int C3 = 1;
int C4 = 0;
//共阴数码管数字字段编码数组
byte LED[10]  =
{
// abcdefg
0b01111110,//0
0b00110000,//1
0b01101101,//2
0b01111001,//3
0b00110011,//4
0b01011011,//5
0b01011111,//6
0b01110000,//7
0b01111111,//8
0b01111011,//9
```

```
};
//数码显示函数
voidDisplay( )
{
    digitalWrite( C4 ,LOW) ;              //数字位 4 熄灭
nunberOut( voltage/1000)                //发送十位数数字字段编码
    digitalWrite( C1 ,HIGH) ;             //数字位 1 点亮
    digitalWrite( dp ,LOW) ;              //小数点熄灭
    delay( 5) ;                           //保留显示 5 ms
    digitalWrite( C1 ,LOW) ;              //数字位 1 熄灭
nunberOut( voltage% 1000/100) ;          //发送个位数数字字段编码
    digitalWrite( C2 ,HIGH) ;             //数字位 2 点亮
    digitalWrite( dp ,HIGH) ;             //小数点点亮
    delay( 5) ;                           //保留显示 5 ms
    digitalWrite( C2 ,LOW) ;              //数字位 2 熄灭
nunberOut( voltage% 100/10) ;            //发送十分位数数字字段编码
    digitalWrite( C3 ,HIGH) ;             //数字位 3 点亮
    digitalWrite( dp ,LOW) ;              //小数点熄灭
    delay( 5) ;                           //保留显示 5 ms
    digitalWrite( C3 ,LOW) ;              //数字位 3 熄灭
    nunberOut( voltage% 10) ;             //发送百分位数数字字段编码
    digitalWrite( C4 ,HIGH) ;             //数字位 4 点亮
    digitalWrite( dp ,LOW) ;              //小数点熄灭
    delay( 5) ;                           //保留显示 5 ms
}
//数字字段编码输出函数
voidnunberOut( int n)
{
    digitalWrite( a ,LED[ n]&0x40) ;      //输出段 a 驱动电平
    digitalWrite( b ,LED[ n]&0x20) ;      //输出段 b 驱动电平
    digitalWrite( c ,LED[ n]&0x10) ;      //输出段 c 驱动电平
    digitalWrite( d ,LED[ n]&0x08) ;      //输出段 d 驱动电平
    digitalWrite( e ,LED[ n]&0x04) ;      //输出段 e 驱动电平
    digitalWrite( f ,LED[ n]&0x02) ;      //输出段 f 驱动电平
    digitalWrite( g ,LED[ n]&0x01) ;      //输出段 g 驱动电平
}
//按键扫描函数
void keyScanning( )
{
//按键增加输出电压
if( digitalRead( key1)  ==  0 && x < 255)
  {
    x ++ ;
```

```
        flag ++ ;
        if( flag > 19 && x < 247 )           //按下时间超过 2 s,增加速度
        x += 9;
        for( int k = 0; k < 5; k ++ )        //用调用 5 次显示函数,代替延时 100 ms
            Display( );
    }
    else
    flag = 0;
    //按键减小输出电压
    if( digitalRead( key2 ) == 0 && x > 0 )
    {
        x - - ;
        flag ++ ;
        if( flag > 19 && x > 8 )             //按下时间超过 2 s,增加速度
        x -= 9;
        for( int k = 0; k < 5; k ++ )        //用调用 5 次显示函数,代替延时 100 ms
            Display( );
    }
    else
    flag = 0;
    //按键保存输出电压参数
    if( digitalRead( key3 ) == 0 )
    {
        EEPROM. write( 0 , x ) ;             //将输出电压参数写入 EEPROM
        while( digitalRead( key3 ) == 0 );   //等待按键松开
        for( int k = 0; k < 5; k ++ )        //用调用 5 次显示函数,代替延时 100ms
            Display( );
    }
}


void setup( )
{
    pinMode( key1 , INPUT_PULLUP ) ;
    pinMode( key2 , INPUT_PULLUP ) ;
    pinMode( key3 , INPUT_PULLUP ) ;
    pinMode( a , OUTPUT ) ;
    pinMode( b , OUTPUT ) ;
    pinMode( c , OUTPUT ) ;
    pinMode( d , OUTPUT ) ;
    pinMode( e , OUTPUT ) ;
    pinMode( f , OUTPUT ) ;
    pinMode( g , OUTPUT ) ;
    pinMode( dp , OUTPUT ) ;
```

```
    pinMode(C1,OUTPUT);
    pinMode(C2,OUTPUT);
    pinMode(C3,OUTPUT);
    pinMode(C4,OUTPUT);
    x = EEPROM.read(0);                //从 EEPROM 读取输出电压初值
}


void loop()
{
    analogWrite(PWMout,x);             //PWM 输出
    voltage = analogRead(A3);
    voltage = voltage * 1200/1023;    //读输出电压值
    Display();                         //显示输出电压值
    keyScanning();                     //按键扫描
}
```

程序解读：

1. LED 数码显示

关于 LED 数码显示在第 4 章 "实验 7：倒计时提醒器" 已作过介绍，那里用的一位共阳数码管，现在用的是 4 位一体的共阴数码管，按照前面介绍的方法可以得到相应数字字段编码数组 byte LED[10]。4 位数码采用动态扫描的方式显示，由函数 Display()完成，具体工作过程在前面电路原理部分已作过介绍。

因为 Arduino 的输出端只能单独驱动，所以使用数字字段编码输出函数 nunberOut(int n)把给定的数字 n 的字段编码分解到对应各个字段的输出端，如果某一字段要显示，则对应输出端输出高电平，反之输出低电平。

在程序中有下面 4 个表达式：

$$voltage/1000$$
$$voltage\%1000/100$$
$$voltage\%100/10$$
$$voltage\%10$$

这是用来把一个电压值分解成 4 个数位上的数字的，这样才能分别驱动 4 个数码管，例如输出电压值为 5.67 V，在程序中对应 voltage 值为 567，则有

$voltage/1000 = 567/1000 = 0$　（因为是在整数范围内运算,所以结果只取整）
$voltage\%1000/100 = 567\%1000/100 = 567/100 = 5$
$voltage\%100/10 = 567\%100/10 = 67/10 = 6$
$voltage\%10 = 567\%10 = 7$

把 0、5、6、7 四个数字分别送到数码管的 1、2、3、4 位显示，显示结果为 05.67。

2. 按键扫描

所有按键的输入端都定义了使用单片机内部上接电阻，按键不按下时端口输入高电平，按下时端口输入低电平。按键扫描函数 keyScanning()就是据此判断按键是否按下的。

analogWrite( )函数控制引脚输出 PWM 脉冲的脉宽调节范围为 255 级，程序中用变量 x 来表示这个调节值，x 的取值范围为 0 ~ 255，按稳压电源最大输出电压 12 V 计算，调节输出电压时 x 每变化 1 输出电压变化约 0.047 V，为了防止按一下按键调节值发生快速变化，按键扫描函数中加了 100 ms 的延时，使得按下 S_1 或 S_2 不超过 100 ms 时 x 的值只增加或减小 1，如果按下不放，则每过 100 ms x 的值就增加或减小 1，但这也带来一个问题，当电压调节范围大时调节速度就很慢，比如从 0 V 调到 12 V 就需要长达约 25 s 的时间，这显然让人无法忍受。为此函数增加了一个功能，当按下 S_1 或 S_2 超过 2 s 时 x 改变的速度提高 10 倍，这样从 0 V 调到 12 V 总共就只需要 4 s 多的时间了。此功能的实现是通过增加一个变量 flag 来完成的，用它来对按键按下的时间计时，每过 100 ms flag 的值增加或减小 1，当时间达到 2 s（对应 flag 的值为 20）时让 x 的改变速度增加到原来的 10 倍（1 + 9）。

上面提到的 100 ms 延时，但是我们在 keyScanning( )函数中并没有看到 delay (100)，这是怎么回事呢？这是因为如果用了 delay (100)，在这 100 ms 的延时时间内单片机就不做其他任何事了，这样数码管的动态扫描显示就受到了影响，我们会看到数码管每过 100 ms 移动一位，因为 100 ms 已经大于人的视觉暂留的时间，所以看到的是移动的单独显示的数字。为了解决这一问题，在程序中巧妙地用下列代码来代替延时，使得延时和数码管的动态扫描显示两不误。Display( )函数运行一次约 20 ms，运行 5 次约 100 ms。

```
for( int k = 0;k < 5;k ++ )
    Display( );
```

当然，我们也可通过使用定时中断来解决这一问题，用定时中断实现数码管的动态扫描显示，但这要进行单片机内部定时器的几个寄存器的设置，程序设计的难度有所增加，使用时还要避开 Arduino 内部函数已经使用的定时器，不然会造成冲突，有兴趣的读者可以试试。

3. 保存设置电压参数

保存设置电压参数能够在下次使用稳压电源时还原这一次设置的电压值，即实现断电记忆，不然每次开机后都是程序的初始值。

电压设置参数显然不能保存在随机存储器 SRAM 中，因为一掉电内容就没了，因此只能将数据保存在掉电可擦除只读存储器 EEPROM 中，数据既可以写入，也可以读出，掉电后数据不消失。EEPROM 的读写比较复杂，为此我们使用 EEPROM 类库，直接使用现成的函数完成读写操作。Arduino IDE 含有 EEPROM 类库，使用前只需要调用 EEPROM.h，然后使用库成员函数 read( )和 write( )即可对 EEPROM 进行读、写操作。

（1）read( )

功能：从 EEPROM 中指定的地址读出一个字节的数据。

语法：EEPROM. read(address)。

参数：

address：读出数据的 EEPROM 地址，起始地址为 0。

返回值：指定地址存储的数据，byte 型，如果指定地址没有写入过数据，则返回值为 255。

例如程序中的代码：

> x = EEPROM. read(0)；

就是读出地址 0 中存储的电压参数。

（2）write（）

功能：给 EEPROM 中指定的地址写入一个字节的数据。

语法：EEPROM. write（address，value）。

参数：

address：写入数据的地址的 EEPROM 地址。

value：写入的数据，byte 型。

返回值：无。

例如程序中的代码：

> EEPROM. write(0，x)；

就是把电压参数 x 写入地址为 0 的存储单元。

由于单片机 EEPROM 的擦写寿命为 10 万次（读取数据对寿命没有影响），所以在程序中要避免不断擦写 EEPROM，不然过不了多久就会造成 EEPROM 的损坏，例如我们在上面程序中写入 EEPROM 的一段代码中除了采用延时外还加入了一句：

> while（digitalRead（key3） == 0）；

如果按键不公开则始终在这里等待，这样按下一次 EEPROM 只写入一次数据，避免按键按下时间长了造成 EEPROM 的反复写入。

4. 输出电压计算

由于 ADC 使用 5 V 参考电压，模拟输入端能输入的最大电压为 5 V，因此取样时采用分压电路分压再读取电压值，因为当输出电压为 12 V 时设定取样电压为 5 V，这时模数转换的结果为 1023，所以输出电压值：

> voltage = analogRead（A3）* 1200/1023；

上述语句在程序中是分成两行来写的：

> voltage = analogRead（A3）；
> voltage = voltage * 1200/1023；

由于上式中 12.00 写成了 1200，避免了使用小数，voltage 的值也扩大了 100 倍，显示的时候在第二位数后面加一个小数点就还原了。

8.4　安装调试与使用

8.4.1　装配电路板

电路板使用 PCB 制作，设计好的 PCB 如图 8-13 所示。

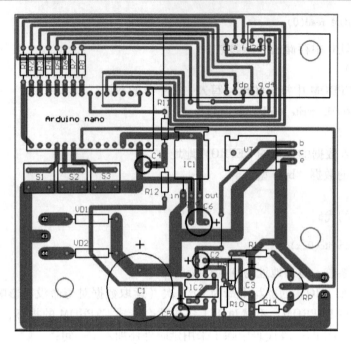

图 8-13　PCB 图

腐蚀好的 PCB 如图 8-14 所示。

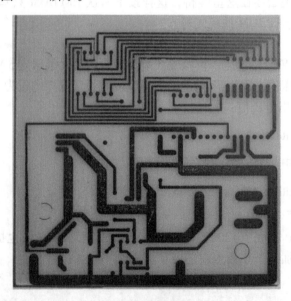

图 8-14　腐蚀完成的 PCB

除开关和数码管要装在机箱面板上外，其他元器件装在电路板上，TIP122 的散热片因体积较大，比较重，就用螺钉固定在电路板上，焊接好的电路板元件面如图 8-15 所示。焊接面如图 8-16 所示。在流经大电流的电源输入和输出的连线上镀了锡，以减小其电阻，增加通过电流的能力。

图 8-15　电路板元件面

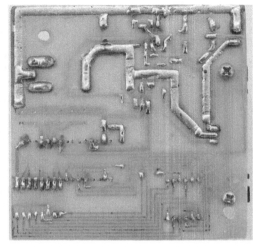

图 8-16　电路板焊接面

　　四位共阴数码管通过两根 6 芯的接插线接在主电路板上，数码管焊接在一个小的洞洞板上，焊接好连线后用玻璃胶固定一下，以免连线容易折断，如图 8-17 所示。

图 8-17　焊接数码管

8.4.2　总装

　　电源开关、开关按钮、数码管装在机箱的前面板上，前面板要开好相应的孔，如图 8-18 所示。熔丝座装在后面板上，电源线也从后面引出，如图 8-19 所示。

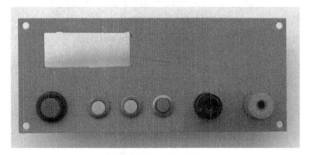

图 8-18　前面板

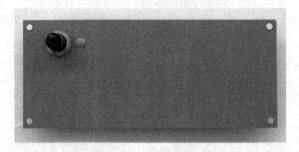

图 8-19　后面板

安装时先把电源变压器固定在机箱的底部，如图 8-20 所示。

仔细检查电路板元件有没有接错，焊接有没有漏焊、虚焊或连焊，检查完后用铜柱和螺钉将电路板固定在机箱底部。

将数码管用玻璃胶固定在面板上，如图 8-21 所示。

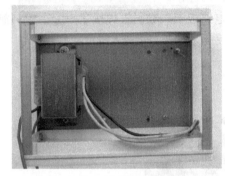

图 8-20　电源变压器装配

图 8-21　数码管固定

焊接好 220 V 交流电源线和电源开关及电源变压器初级的连线，所有接点要做好绝缘处理。将电源变压器次级 3 根电源线接到电路上，电源变压器为双 12 V 输出，连接时要注意区分中心连线，中心线要接地，不能接错。接下来焊接好开关连线，接插好直流电源输出连线及数码管的连线，至此所有连线就接好了，如图 8-22 所示。

图 8-22　机箱内部接线

最后把 Arduino Nano 控制器用 USB 线连接到计算机下载程序。

8.4.3　调试与使用

在检查接线没有错误后，接通电源，调动开关 S_1、S_2，观察数码管显示的输出电压值有无增加或减小的变化，如果有变化说明电路工作已经基本正常了。

接下来进行调试，调试很简单，只要通过调节电位器 R_P 校准输出电压的读数即可。用一只万用表测量电源的输出电压，通过开关 S_1、S_2 调节输出电压，使万用表的计数为 10 V，然后调节 R_P，改变送到 Arduino 引脚 A3 的电压值，使得数码管的读数正好在 10.00 V 左右。这样调试工作就完成了。

调试结束后装好上盖，电源就可以正常使用了，如图 8-23 所示。

图 8-23　制作好的数控稳压电源

电源在使用过程中要养成先打开电源再接负载的习惯，避免高的输出电压损坏用电装置。对于经常使用的输出电压，比如 5 V 电压，可以按一下 S_3 保留这个设置值，下次开机时初始输出电压就是 5 V 了，省得重新调节，也减小了出错的可能。

第 9 章

定时摄影控制器

定时摄影控制器也就是常说的定时快门线，具有延时拍摄、间隔拍摄等功能，可以用来实现延时摄影。

延时摄影是一种将时间压缩的拍摄技术。用相机拍摄延时摄影的过程类似于制作定格动画，其拍摄的是一组照片，把单个静止的照片串联起来，得到一个动态的视频。这样就可以把几分钟、几小时甚至更长时间的过程压缩在一个较短的时间内播放，可以短时间快速呈现物体缓慢变化的过程，让我们看到平时用肉眼无法察觉的奇异精彩的景象。延时摄影通常应用在拍摄城市风光、自然风景、天文现象、城市生活、建筑制造、生物演变等题材上。譬如花蕾的开放约需 5 天时间，即 120 h，每半小时为它拍一张照片，以顺序记录开花动作的渐变，共计拍摄 240 张照片，再将这些照片制作成每秒 24 帧的视频，播放视频就可以在 10 s 钟之内重现 5 天的开花过程。

本章介绍的定时摄影控制器延时拍摄时间可设置为 0 ~ 999 min，拍摄间隔时间可设置为 1 ~ 3600 s，拍摄张数可设置为 1 ~ 999 张。

9.1 预备知识

定时摄影控制器设置的参数比较多，在显示参数的同时还要显示参数的英文名称，用数码管已经无法满足要求了，需要用液晶显示器（Liquid Crystal Display，简称 LCD）显示。

液晶显示器主要分字符型和点阵型两种，这里使用字符型的液晶显示器，它是按照显示字符的行数和列数来命名的，比如 1602 表示每行显示 16 个字符，一共可以显示 2 行，即 16 列 2 行。1602 的液晶显示器简称为 LCD1602，它只能显示 SACII 字符，如数字、大小写字母、各种符号等。定时摄影控制器使用 LCD1602 显示参数。

9.1.1 LCD1602 介绍

LCD1602 的控制器为日立 HD44780（或兼容）芯片组，外形如图 9-1 所示。

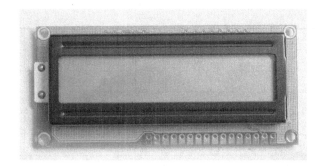

图 9-1　LCD1602

LCD1602 主要技术参数：

显示容量：16 ×2 个字符。

芯片工作电压：4.5 ~ 5.5 V。

工作电流：2.0 mA（工作电压：5.0 V）。

模块最佳工作电压：5.0 V。

字符尺寸：2.95 mm ×4.35(W × H) mm。

LCD1602 分为带背光和不带背光两种，对应引脚分别为 14 号引脚和 16 号引脚，各引脚的功能见表 9-1。

表 9-1　LCD1602 引脚说明

编号	符　号	引 脚 说 明
1	V_{SS}	电源地
2	V_{DD}	电源正极
3	VL	液晶显示偏压，用于对比度调节，电压越大对比度越小
4	RS	数据/命令选择，RS =0：指令寄存器；RS =1：数据寄存器
5	R/W	读/写选择，R/W =0：写；R/W =1：读
6	E	使能信号，E =1：读；电平下降沿执行指令
7 ~ 14	D0 ~ D7	8 位双向并行数据口
15	BLA	背光源正极
16	BLK	背光源负极

9.1.2　LCD1602 控制方式

LCD1602 的内部显示存储器中预先保存了字符图形符号，每一个字符图形都有一个固定的地址，要显示某个字符时只要通过控制器向 LCD 1602 写入对应的显示存储器地址，就可以在屏幕上显示该字符了。

LCD1602 内部的控制器共有 11 条控制指令，见表 9-2。

表 9-2　LCD1602 控制指令码

序号	指　　令	RS	R/W	D7	D6	D5	D4	D3	D2	D1	D0
1	清屏	0	0	0	0	0	0	0	0	0	1

（续）

序号	指　令	RS	R/W	D7	D6	D5	D4	D3	D2	D1	D0
2	光标返回	0	0	0	0	0	0	0	0	1	×
3	置输入模式	0	0	0	0	0	0	0	1	I/D	S
4	显示开/关控制	0	0	0	0	0	0	1	D	C	B
5	光标或字符移位	0	0	0	0	0	1	S/C	R/L	×	×
6	置功能	0	0	0	0	1	DL	N	F	×	×
7	置字符发生存贮器地址	0	0	0	1	字符发生存贮器地址					
8	置数据存贮器地址	0	0	1	显示数据存贮器地址						
9	读忙标志或地址	0	1	BF	计数器地址						
10	写数到 CGRAM 或 DDRAM	1	0	要写的数据内容							
11	从 CGRAM 或 DDRAM 读数	1	1	读出的数据内容							

表中 0 为低电平，1 为高电平。×为无效，写入高电平和低电平均可。LCD1602 的读写操作、屏幕和光标的操作都是通过指令来实现的，下面是各控制指令的说明。

指令 1：清屏，指令码 0x01，光标复位到地址 0x00 位置。

指令 2：光标复位，光标返回到地址 0x00。

指令 3：光标和显示模式设置 I/D：光标移动方向，高电平右移，低电平左移。S：屏幕上所有文字是否左移或者右移。高电平表示有效，低电平则无效。

指令 4：显示开关控制。D：控制整体显示的开与关，高电平表示开显示，低电平表示关显示 C：控制光标的开与关，高电平表示有光标，低电平表示无光标 B：控制光标是否闪烁，高电平闪烁，低电平不闪烁。

指令 5：光标或显示移位，S/C：高电平时移动显示的文字，低电平时移动光标。

指令 6：功能设置命令，DL：高电平时为 4 位总线、低电平时为 8 位总线；N：低电平时为单行显示、高电平时双行显示；F：低电平时显示 5×7 的点阵字符、高电平时显示 5×10 的点阵字符。

指令 7：设置字符发生器 RAM 地址。

指令 8：设置 DDRAM 地址。

指令 9：读忙信号和光标地址，BF：为忙标志位，高电平表示忙，此时模块不能接收命令或者数据，如果为低电平表示不忙。

指令 10：写数据。

指令 11：读数据。

LCD1602 的读操作时序和写操作时序分别如图 9-2 和图 9-3 所示。

9.1.3　LCD1602 接线方式

LCD1602 支持两种接线方式：8 位数据线接线法和 4 位数据线接线法，8 位数据线接线法如图 9-4 所示，这种方式一次操作就可以读或写 8 位二进制数，但要占用 Arduino 11 个端口。在 Arduino 端口比较紧张的情况下，我们可以采用 4 位数据线接线法，如果不需要从 LCD1602 中读取数据，即只执行写操作，这时 R/W 可直接接地，只需要接 6 个端口，如

图9-5所示。这时8位数据分两次传输，先传输高4位，再传输低4位。

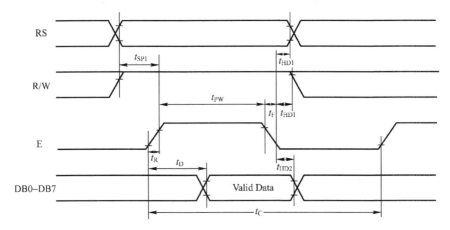

图9-2 LCD1602读操作时序

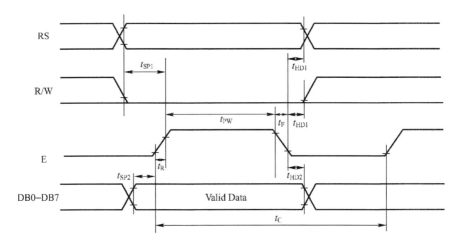

图9-3 LCD1602写操作时序

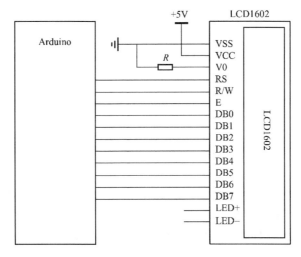

图9-4 8位数据线接线法

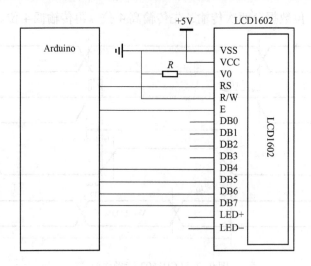

图 9-5　4 位数据线接线法

9.2　硬件电路

9.2.1　元器件清单

元器件清单见表 9-3。

表 9-3　元器件清单

序号	名　称	标　号	规 格 型 号	数　量
1	Arduino 控制器		Arduino Nano	1
2	液晶显示屏	LCD	LCD1602	1
3	电阻	R_1、R_2、R_3	1k1/4 W	3
4	开关	$S_1 - S_4$		4
5	LED	LED_1	绿色 φ3	1
6	LED	LED_2	红色 φ3	1
7	晶体管	VT_1、VT_2	9014	2
8	快门线		根据相机型号确定	1
9	PCB		自制	1
10	电池盒		装 4 节 5 号充电电池，带开关	1

　　快门线根据相机的型号确定，主要是用其插头，因为一般相机快门线的插头都比较特殊，只有买快门线才能解决问题。有些相机插头和立体声插头通用，可使用立体声插头做快门线。

9.2.2 电路工作原理

定时摄影控制器电路图如图9-6所示。LCD1602和Arduino采用4位数据线接线法连接。

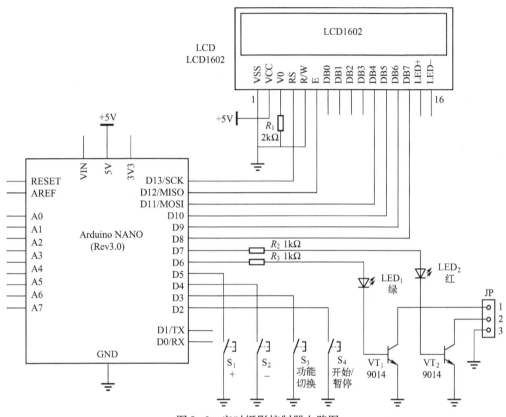

图9-6 定时摄影控制器电路图

图中S_1、S_2、S_3为参数设置按键，其中S_3为功能切换键，通过它切换需要调节的参数，再通过S_1、S_2调节该参数的大小。S_4是开始/暂停键，参数设置好以后，按一下S_4电路即开始工作，相机开始按设置的模式进行拍摄，再按一下S_4进入暂停状态。

我们用相机快门或快门线拍摄照片的时候都知道，只要不使用手动挡，拍摄时快门按钮就要先按下一半，让相机自动完成对焦、测光和调整光圈等智能操作，然后将按钮按下去完成拍摄。这一过程实际上是依次接通了两个触点开关，半按时接通一个，全按时又接通另一个，这时两个开关全接通了。电路中用晶体管VT_1、VT_2作电子开关来替代这两个开关的，接口的1、2端通过快门线分别接相机的对焦和快门两个控制端。要拍摄时Arduino的D6先输出高电平，VT_1饱和导通，接通对焦触点，相当于半按快门。经过0.3 s后D7输出高电平，VT_2饱和导通，接通快门触点，完成照片拍摄。D6、D7何时输出高电平拍摄照片是由设置的参数决定的。LED_1、LED_2分别作两种状态的指示。

为了使用时节省用电，LCD1602背景LED没有接电，在使用过程中如果发现显示的字偏淡，可适当减小R_1阻值调节对比度。

9.3 程序设计

程序由 LCD1602 程序、参数设置和快门驱动等部分组成。为了简化程序设计，LCD1602 程序使用了 Arduino 提供的 LiquidCrystal 类库。

9.3.1 LiquidCrystal 类库

LiquidCrystal 类库能被 Arduino 控制器用来控制基于日立 HD44780（或兼容）芯片组的液晶显示器（LCD），这是在字符型液晶显示器中使用最多的芯片组。下面介绍一些常用的成员函数。

1. LiquidCrystal( )

功能：类的构造函数，可使用 8 位或 4 位数据线控制显示。如果采用 4 位数据线，编号为 D0 ~ D3 的引脚不用连接。R/W 引脚可以直接接地而不是连接到 Arduino 引脚，这时参数中可以省略这个参数。

语法：

LiquidCrystal lcd（rs,enable,d4,d5,d6,d7）

LiquidCrystal lcd（rs,rw,enable,d4,d5,d6,d7）

LiquidCrystal lcd（rs,enable,d0,d1,d2,d3,d4,d5,d6,d7）

LiquidCrystal lcd（rs,rw,enable,d0,d1,d2,d3,d4,d5,d6,d7）

参数：

lcd：构造函数定义的一个对象。

rs：连接到 RS 的 Arduino 引脚。

rw：连接到 R/W 的 Arduino 引脚（可选）。

enable：连接到 E 的 Arduino 引脚。

d0, d1, d2, d3, d4, d5, d6, d7，连接主观对应数据线的 Arduino 引脚。D0、D1、D2 和 D3 是可选的，如果省略，LCD 将只使用四数据线控制（D4，D5，D6，D7）。

返回值：无。

2. begin( )

功能：初始化 LCD，设置显示的宽度和高度。

语法：lcd. begin(cols,rows)。

参数：

lcd：LiquidCrystal 类的对象。

cols：显示的列数。

rows：显示的行数。

返回值：无。

对于 LCD1602，可设置为 lcd. begin（16,2），如果只要使用 1 行显示，可设置为 lcd. begin(16,1)。

3. clear( )

功能：清除液晶屏幕上的显示内容，并将光标移到左上角。

语法：lcd. clear( )。

参数：

lcd：LiquidCrystal 类的对象。

返回值：无。

4. home( )

功能：将光标定位到液晶屏幕的左上角。

语法：lcd. home( )。

参数：

lcd：LiquidCrystal 类的对象。

返回值：无。

5. setCursor( )

功能：设置光标位置，可将光标定位到指定位置。

语法：lcd. setCursor(col, row)。

参数：

lcd：LiquidCrystal 类的对象。

col：光标指定的列，0 是第一列。

row：光标指定的行，0 是第一行。

返回值：无。

例如 lcd. setCursor(5,0)是将光标定位在第一行第六列。

6. write( )

功能：输出一个字符到 LCD。

语法：lcd. write(data)。

参数：

lcd：LiquidCrystal 类的对象。

data：需要显示的字符。

返回值：无。

7. print( )

功能：将文本输出到 LCD 上。

语法：

```
lcd. print( data)
lcd. print( data, BASE)
```

参数：

data：需要输出的数据（类型为 char、byte、int、long、或 string）。

BASE：输出数据的进制形式，可选择下列参数之一：

BIN（二进制）；

DEC（十进制）；

OCT（八进制）；

HEX（十六进制）。

返回值：输出的字符数。

8. cursor( )

功能：显示光标，在当前光标所在位置将显示一条下划线。

语法：lcd. cursor( )。

参数：

lcd：LiquidCrystal 类的对象。

返回值：无。

9. noCursor( )

功能：隐藏光标。

语法：lcd. noCursor( )。

参数：

lcd：LiquidCrystal 类的对象。

返回值：无。

10. blink( )

功能：显示闪烁的液晶光标，使用该功能时先要使用 cursor( )显示光标。

语法：lcd. blink( )。

参数：

lcd：LiquidCrystal 类的对象。

返回值：无。

11. noBlink( )

功能：关闭闪烁的光标。

语法：lcd. noBlink( )。

参数：

lcd：LiquidCrystal 类的对象。

返回值：无。

9.3.2 程序

程序代码如下：

```
#include < LiquidCrystal. h >
#define S1 4       //D3
#define S2 5       //D4
#define S3 3       //D5
#define S4 2       //D2
#define LED1 7     //D7
#define LED2 6     //D6
int number;
int interval;
```

```
int time;
unsigned long time0;
int delayTime;
int i,j;
byte mode = 0;
boolean start = false;
LiquidCrystal lcd(13,12,11,10,9,8);
//键盘扫描函数
void buttonRead()
{
  if( ! digitalRead(S3))
  {
    mode ++ ;
    if(mode > 2)
    mode = 0;
    delay(200);
  }
  if( ! digitalRead(S4))
  {
    start = ! start;
    if(start)
    {
      lcd. setCursor(12,0);
      lcd. print("PLAY");
      lcd. noBlink();
    }
    else
    {
      lcd. setCursor(12,0);
      lcd. print("STOP");
      lcd. blink();
    }
  }
  if( ! digitalRead(S1))
  {
    i ++ ;
    switch(mode)
    {
     case 0:
     delayTime ++ ;
     if(i > 10)
        delayTime += 9;
     if(delayTime > 999)
```

```
        delayTime = 999;
    break;
    case 1:
    interval ++;
    if(i > 10)
      interval += 9;
      if(interval > 3600)
      interval = 3600;
      break;
      case 2:
      number ++;
      if(i > 10)
        number += 9;
      if(number > 999)
      number = 999;
      break;
      default: break;
    }
}
else
 i = 0;
if(! digitalRead(S2))
{
   j ++;
   switch(mode)
   {
   case 0:
   delayTime --;
   if(j > 10)
     delayTime -= 9;
   if(delayTime < 0)
     delayTime = 0;
   break;
   case 1:
   interval --;
   if(j > 10)
     interval -= 9;
   if(interval < 1)
     interval = 1;
   break;
   case 2:
   number --;
   if(j > 10)
```

```
            number -= 9;
        if( number < 1)
          number = 1;
        break;
        default:break;
        }
    }
else
    j = 0;
}
//LCD1602 显示函数
void lcdDisplay( )
{
    lcd. setCursor( 6,0) ;
      lcd. print( delayTime) ;
      lcd. print( " " ) ;
      lcd. setCursor( 12,0) ;
      lcd. setCursor( 4,1) ;
      lcd. print( interval) ;
      lcd. print( " " ) ;
      lcd. setCursor( 13,1) ;
      lcd. print( number) ;
      lcd. print( " " ) ;
      switch( mode)
      {
        case 0:
          lcd. setCursor( 5,0) ;
          break;
        case 1:
          lcd. setCursor( 3,1) ;
          break;
        case 2:
          lcd. setCursor( 12,1) ;
          break;
        default:break;
      }
}
//相机快门驱动函数
void shoot( )
{
    if( time >= delayTime)
      {
        while( number > 0&&start)
```

```
    {
        time0 = millis( ) ;
        number − − ;
        lcd. setCursor( 12 ,0) ;
        lcd. print( "PLAY" ) ;
        lcd. setCursor( 13 ,1) ;
        lcd. print( number) ;
        lcd. print( "  " ) ;
        digitalWrite( LED1 ,HIGH) ; //对焦
        delay( 300) ;
        digitalWrite( LED2 ,HIGH) ;   //快门
        delay( 200) ;
        digitalWrite( LED1 ,LOW) ;
        digitalWrite( LED2 ,LOW) ;
        while( millis( ) − time0 < interval ∗ 1000&&start)
        {
            if( ! digitalRead( S4) )
            {
                start = false ;
                lcd. blink( ) ;
                lcd. setCursor( 12 ,0) ;
                lcd. print( "STOP" ) ;
                delay( 500) ;
            }
        }
    }
  }
}


void setup( )
{
    pinMode( S1 ,INPUT_PULLUP) ;
    pinMode( S2 ,INPUT_PULLUP) ;
    pinMode( S3 ,INPUT_PULLUP) ;
    pinMode( S4 ,INPUT_PULLUP) ;
    lcd. begin( 16 ,2) ;
    lcd. cursor( ) ;
    lcd. blink( ) ;
    lcd. setCursor( 0 ,0) ;
    lcd. print( "DELAY" ) ;
    lcd. setCursor( 9 ,0) ;
    lcd. print( "M" ) ;
    lcd. setCursor( 12 ,0) ;
```

```
        lcd. print( " STOP " ) ;
        lcd. setCursor( 0 ,1 ) ;
        lcd. print( " LAG " ) ;
        lcd. setCursor( 8 ,1 ) ;
        lcd. print( " S " ) ;
        lcd. setCursor( 10 ,1 ) ;
        lcd. print( " No " ) ;
    }

    void loop( )
    {
        time = millis( )/60000 ;
        buttonRead( ) ;
        lcdDisplay( ) ;
        shoot( ) ;
        delay( 200 ) ;
    }
```

程序解读:

这个实例的程序比较复杂,为了增加可读性,程序采用了模块化的编程方法,主要由键盘扫描函数、LCD 显示函数、相机快门驱动程序等部分组成。

1. LCD1602 程序

由于使用了 LiquidCrystal 类库,这部分程序主要是调用现在的函数,其中

```
        LiquidCrystal lcd( 13 ,12 ,11 ,10 ,9 ,8 ) ;
```

定义了一个对象 lcd,采用 4 位数据线,省略 R/W。LCD1602 的 RS 接 Arduino 数字引脚 13 号引脚,LCD1602 的 E 接 Arduino 数字引脚 12 号引脚,LCD1602 的 D4、D5、D6、D7 分别接 Arduino 数字引脚 11、10、9、8 号引脚。

液晶屏幕显示区域分配见表9-4。程序将根据本表定义光标的相关位置。

表9-4 液晶屏幕显示区域分配

列\行	0	1	2	3	4	5	6	7	8	9	10	11	12	13	14	15
0	D	E	L	A	Y		9	9	9	M			S	T	O	P
1	L	A	G		3	6	0	0	S		N	o		9	9	9

表中"DELAY"表示延时,后面的参数表示通电多少时间(单位为分)后开始拍摄;"LAG"表示时间间隔,后面的参数就是拍摄的时间间隔(单位为秒),即表示多少时间拍一张照片;"No"表示拍摄张数,后面的参数就是能拍摄的张数。现在表中显示的延时时间是 999 min,拍摄时间间隔为 3600 s,共拍 999 张。"STOP"表示还没有开始拍摄,在开始拍摄后变成"PLAY"。

程序中以光标闪烁定位正在调节的参数。

2. 参数设置与操作

参数设置与操作是由开关 $S_1 \sim S_4$ 完成的。其中 $S_1 \sim S_3$ 用来设置参数，对应的函数为 buttonRead( )，由 loop( ) 循环定时调用函数 buttonRead( ) 实现按键状态的扫描。因为有三个参数需要设置，所以用 S_3 来作功能切换键，用它调节变量 mode 在 0、1、2 中取值，从而根据 mode 的值确定 S_1、S_2 调节哪个参数。液晶屏光标闪烁的位置也是由 mode 的值决定的。

程序中变量 i、j 是用来改变参数调节速度的，当按下按键超过 2 s 后使调节速度增加到原来的 10 倍。

S_4 是开始/暂停按钮，设置好参数后按一下它就可以进入拍摄状态，再按一下就可以进入暂停状态，这时候也可以重新修改参数，要继续拍摄只要再按一下即可。它主要作用是改变布尔变量 start 的值，使 start 的值在 false 和 true 两者间变化，程序再根据 start 的值确定是开始还是暂停。

3. 快门驱动

快门驱动由函数 shoot( ) 完成，其中计时变量 time 由函数 millis( ) 获得

$$time = millis( )/60000$$

time 的单位为分。当 time 大于设置的延时时间 delayTime 并按 S_4 置于开始状态，相机才能开始拍摄，如果中途没有按 S_4 暂停，则要拍完设置的 number 张后才会停止拍摄，其控制方式采用 while 循环，while 循环内增加了刷新剩余拍摄照片张数的代码。

拍摄间隔时间也由 millis( ) 获得，方法是在上次拍摄完后就取当前的机器运行时间，赋值给变量 time0，然后再用一个 while 循环，这个循环嵌套在上一层 while 循环中，判断 millis( ) − time0 的值是否达到拍摄的间隔时间，一旦到达间隔时间即跳出这个循环进行下一次拍摄。这个循环中要设置检测 S_4 状态的代码，不然想按下 S_4 进入暂停程序就无法响应了。按下 S_4 后 start 的值取 false，跳出两层 while 循环进入暂停状态。

Arduino 的数字引脚 6、7 输出的快门控制脉冲时序如图 9-7 所示。

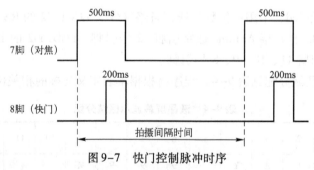

图 9-7　快门控制脉冲时序

9.4　安装调试与使用

9.4.1　装配电路板

控制器电路板使用 PCB 安装，PCB 的设计图如图 9-8 所示，制作好的 PCB 板如图 9-9 所示。

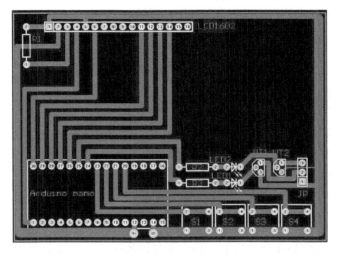

图 9-8 PCB 设计图

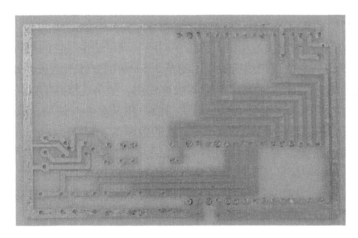

图 9-9 制作好的 PCB

将 Arduino Nano 等元器件焊接在电路板上，LCD1602 液晶屏不直接焊接在电路上，采用插针连接，先将 16 脚的排针插座焊接在电路板上，焊接好的电路板元件面如图 9-10 所示，焊接面如图 9-11 所示。

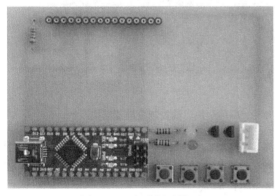

图 9-10 电路板元件面

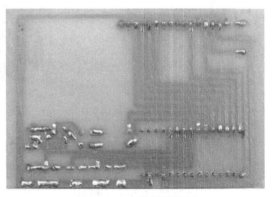

图 9-11 电路板焊接面

把 16 脚的排针焊接在 LCD1602 液晶屏上，如图 9-12 所示。

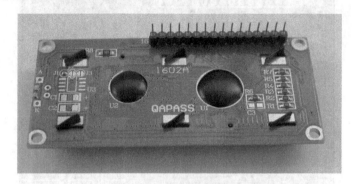

图 9-12　LCD1602 液晶屏焊接排针

把 LCD1602 液晶屏插在电路板上，接上 5 号电池盒，电路板就制作完成了。

9.4.2　总装

使用定时摄影控制器的前提是相机可以接快门线，满足这个条件的相机基本上都是单反相机。以佳能 500D 为例，它的快门线插头使用的是 2.5 mm 的立体声插头，如果有这种插头或者带这种插头的耳机线，可以用来直接和控制器相连使用，插头连接点的定义如图 9-13 所示。

如果没有快门线的插头，也可以买一根快门线，用其改装时使用，改装时保留原快门线的功能，将定时摄影控制器的控制线接入快门线的控制盒。

打开快门线的控制盒，如图 9-14 所示。我们发现有三个金属弹性片，分别对应接地、对焦、快门接点。当按键轻轻按下时，首先将接地和对焦接通，这时相机进行自动对焦。继续往下按时快门被接通，相机拍摄照片。我们将定时摄影控制器对应的控制接点接入快门线的对应点，就是用电子开关代替了手控开关。

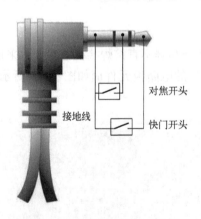

图 9-13　快门线插头接点定义

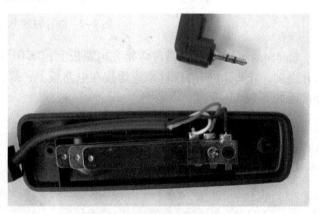

图 9-14　快门线控制盒内部结构

在快门控制盒打一个孔，把定时摄影控制器 JP 接口的三根输出线穿入，将 JP 的 1 号引脚和快门线的对焦接点相连，2 号引脚和快门接点相连，3 号引脚和接地相连，如图 9-15 所示。最后装好快门线的控制盒，整体结构如图 9-16 所示。

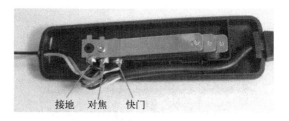

图 9-15　控制器和快门线接线

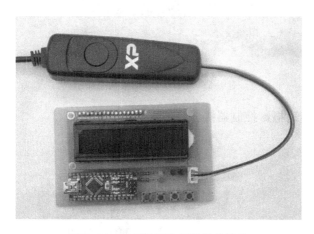

图 9-16　控制器和快门线整体结构

把程序下载到 Arduino Nano 控制器中，接上电池盒，定时摄影控制器就可以工作了。

9.4.3　调试与使用

电源既可以通过 USB 接口供电，也可以使用 4 节充电电池供电。将定时摄影控制器连接上照相机，接通电源，LCD1602 显示的初始状态为延时时间、拍摄间隔时间和拍摄张数均为 0，右上方显示"STOP"，如图 9-17 所示。这时光标在延时时间（DELAY）处闪烁，按动调节键 S_1、S_2 设置延时时间；接下来按一下功能键 S_3 将光标切换到拍摄间隔（LAG）调节间隔时间；最后切换到拍摄张数（N）设置拍摄张数。设置完成后将快门线接上相机，打开相机电源，按一下开始/暂停按键 S_4 就可以开始拍摄了，这时右上方显示的"STOP"转换为"PLAY"，如图 9-18 所示。在拍摄过程中如果要暂停或重新设置参数，可再按一下 S_4。

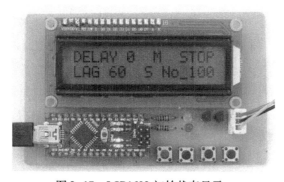

图 9-17　LCD1602 初始状态显示

图 9-18　LCD1602 拍摄状态显示

图 9-19 所示是定时摄影控制器接在照相机上的工作状况。

图 9-19　定时摄影控制器连接照相机使用状况

使用时可根据拍摄的对象设置合适的间隔时间，拍摄完成后可使用绘声绘影等视频编辑软件把照片制作成视频文件。

第 10 章

用 TEA5767 制作 FM 收音机

过去许多电子爱好者都是在业余无线电制作的实践中开始入门的，其中最主要的制作就是安装收音机。现在的青少年安装收音机的人很少了，原因有二：一是现在的收音机广泛采用了集成电路和贴片元件，业余条件下安装比较困难，而且分立元件收音机的配件也不容易买全了；二是现在青少年的业余爱好与时俱进，有了更多选择。青少年电子爱者中以喜欢机器人、智能电子产品的居多。但收音机的制作仍是电子制作中一项重要的内容，本章将介绍一个传统和现代技术相结合的实例，用 Arduino 和 TEA5767 模块制作一台 FM 收音机。

10.1 预备知识

10.1.1 收音机

收音机是将广播电台发射的受音频信号调制的无线电波信号转换成音频信号并能收听的一种电子装置，随着社会的进步和技术的发展，传统的模拟收音机正逐渐被数字收音机取代，TEA5767 就是一个数字收音机的芯片。

广播电台播出节目是首先把声音通过话筒转换成音频电信号，经放大后去调制高频信号（载波），这时高频载波信号的某一参量随着音频信号作相应的变化，使我们要传送的音频信号包含在高频载波信号之中，高频信号再经放大由天线向外发射，形成无线电波，这种无线电波被收音机天线接收后，经过放大、解调，还原为音频电信号，送入喇叭音圈中，引起纸盆相应的振动，就可以还原声音了。这是一个声电转换传送向电声转换的过程。

把声音调制到高频载波的方式有两种：一种是让高频载波的幅度随着声音的大小而变化，这种方式叫调幅（AM）制，被调制后的电波称为调幅波，如图 10-1a 所示，接收调幅波的收音称为调幅收音机，如常见的中波收音机、短波收音机；另一种是让载波的频率随着声音的大小而变化，这种方式叫调频（FM）制，被调制后的电波，我们称为调频波，如图 10-1b 所示，接收调频波的收音称为调频收音机，即 FM 收音机。

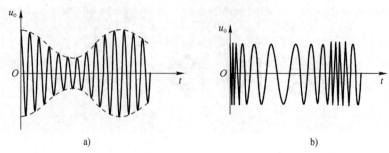

图 10-1　调幅波与调频波

a）AM 制　b）FM 制

10.1.2　TEA5767 模块

TEA5767 是飞利浦公司的数字立体声 FM 芯片，很多手机、MP3 播放器、MP4 播放器里的收音机功能都是用它实现的。该芯片把所有的 FM 收音功能都集成到一个小芯片中。接收频率范围是 76～108 MHz，兼容美国/欧洲（87.5～108 MHz）和日本（76～91 MHz）调频波段，中频频率 225 kHz，采用锁相环调谐系统，带有 AGC 电路，可以采用 32.768 kHz 或 13 MHz 的晶体振荡器产生参考时钟信号或可以直接输入 6.5 MHz 的时钟信号。主要性能指标：工作电压 2.5～5.0 V，典型值 3 V，工作电流 10 mA，灵敏度 2 μV，信噪比 60 dB，立体声分离度 30 dB，失真度 0.4%，双声道音频输出的电压在 75 mV，带宽为 22.5 kHz。TEA5767 具有 RF 信号强度 ADC 输出。芯片的引脚分布如图 10-2 所示，图 10-3 所示是芯片的应用结构框图。

TEA5767 采用 HVQFN40 封装，业余条件下根本无法用手工焊接，现在市场上有焊接好的 TEA5767 模块出售，价格只有 5 元左右，这样制作就比较容易了。模块外形如图 10-4 所示，有 10 个引脚焊盘，各引脚功能见表 10-1。模块使用的是 32.768 kHz 晶体振荡器。

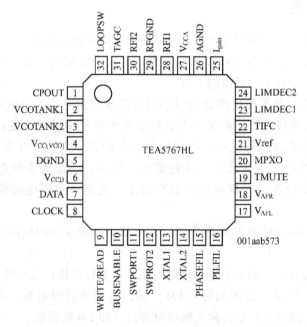

图 10-2　TEA5767 引脚分布

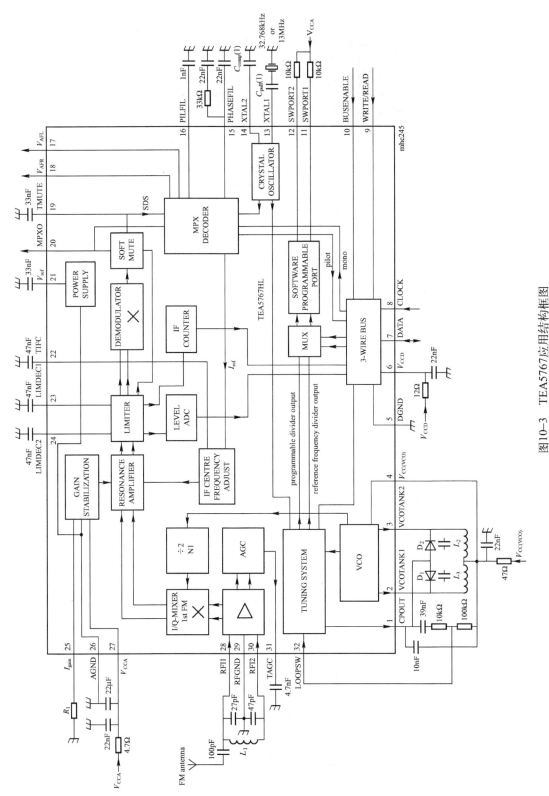

图10-3　TEA5767应用结构框图

图 10-4　TEA5767 模块

表 10-1　TEA5767 引脚功能

引　脚	名　　称	功　　能	引　脚	名　　称	功　　能
1	SDA	总线数据输入输出	6	GND	电源地
2	CLK	总线时钟输入	7	L - OUT	左声道输出
3	BUSMOD	总线模式选择	8	R - OUT	右声道输出
4	W/R	3 总线时读写控制	9	MPX	解调信号输出
5	V_{CC}	电源	10	ANT	RF 信号输入（接天线）

　　表 10-1 中第 4 脚为 3 总线模式时的读/写控制脚，第 3 脚为总线模式选择引脚，此脚接地时选择 I^2C 总线模式，接 V_{CC} 时选择 3 线总线模式。Arduino 和 TEA5767 模块通信时采用 I^2 C 总线模式，因此第 4 脚悬空不用，第 3 脚接地。

　　下面简单介绍一下 I^2C 总线通信。

　　I^2C 总线（Inter Integrated Circuit BUS）是由 PHILIPS 公司开发的两线式串行总线，用于连接微控制器及其外围设备。是微电子通信控制领域广泛采用的一种总线标准。它是同步通信的一种特殊形式，具有接口线少，控制方式简单，器件封装形式小，通信速率较高等优点。I^2C 总线它由一根数据线（SDA）和一根时钟线（SDL）组成。在主从通信时，可以有多个 I^2C 总线器件同时接到 I^2C 总线，通过地址来识别通信对象，标准的寻址字节为 7 位，可以寻址 127 个单元。I^2C 总线系统结构如图 10-5 所示。

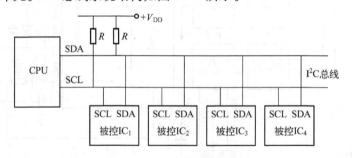

图 10-5　I^2C 总线系统结构

　　I^2C 总线主机发送数据流程如图 10-6 所示，主机接收数据流程如图 10-7 所示。

　　其中地址字节（命令字）由 7 位的外围器件地址和 1 位读写控制位 R/W 组成，当发送（写）数据时 R/W = 0，接收数据（读）时 R/W = 1。

　　以发送数据为例，I^2C 总线的数据传输过程基本过程为：

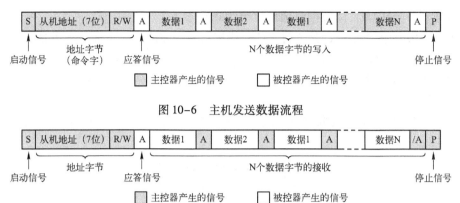

图 10-6 主机发送数据流程

图 10-7 主机接收数据流程

1）主机发出开始信号。

2）主机接着送出 1 字节的从机地址信息，其中最低位为读写控制码（1 为读、0 为写），高 7 位为从机器件地址代码。

3）从机发出认可信号。

4）主机开始发送信息，每发完一字节后，从机发出认可信号给主机。

5）主机发出停止信号。

数据传输的过程如图 10-8 所示。

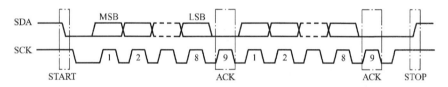

图 10-8 I²C 总线数据传输图

I²C 总线上各信号的具体说明：

1）开始信号：在时钟线（SCL）为高电平期间，数据线（SDA）由高变低，将产生一个开始信号。

2）停止信号：在时钟线（SCL）为高电平期间，数据线（SDA）由低变高，将产生一个停止信号。

3）应答信号：主机写从机时每写完一字节，如果正确从机将在下一个时钟周期将数据线（SDA）拉低，告诉主机操作有效。在主机读从机时正确读完一字节后，主机在下一个时钟周期同样也要将数据线（SDA）拉低，发出认可信号，告诉从机所发数据已经收妥（注：读从机时主机在最后 1 字节数据接收完以后不发出应答，直接发出停止信号）。

TEA5767 I²C 总线的地址字节见表 10-2。

表 10-2 TEA5767 地址字节格式

器 件 地 址							模 式
1	1	0	0	0	0	0	R / W

表中前 7 位是 TEA5767 的器件地址，值为 0x60。如果连同最低位模式一起计算，则写

数据时地址字节为 0xC0，读数据时地址字节为 0xC1。

对 TEA5767 的操作指令都是通过 I^2C 总线读写数据完成的，下面分两种情况进行介绍。

1. 写模式下的数据字节格式

当我们向 TEA5767 发送地址 0x60 和写指令（R/W = 0）后，就可以向 TEA5767 写入 5 个字节的数据。

表 10-3 是写模式下的数据字节格式，表格中各参数的含义见表 10-4，搜索停止级别设置见表 10-5。

表 10-3　写模式下的数据字节格式

	位 7	位 6	位 5	位 4	位 3	位 2	位 1	位 0
数据字节 1	MUTE	SM	PLL13	PLL12	PLL11	PLL10	PLL9	PLL8
数据字节 2	PLL7	PLL6	PLL5	PLL4	PLL3	PLL2	PLL1	PLL0
数据字节 3	SUD	SSL1	SSL0	HISI	MS	MR	ML	SWP1
数据字节 4	SWP2	STBY	BL	XTAL	SMUTE	HCC	SNC	SI
数据字节 5	PLLREF	DTC	——	——	——	——	——	——

表 10-4　字节位的含义

名　称	含　义
MUTE	静音功能位，MUTE = 1，左右声道静音；MUTE = 0，左右声道不静音
SM	搜索模式：SM = 1，在搜索模式；SM = 0，不在搜索模式
PLL13 ~ PLL0	设置用于可编程合成器搜索或预设的值
SUD	搜索方向：SUD = 1，向上搜索；SUD = 0，向下搜索
SSL1、SSL0	设置搜索停止级别，请参考表 10-5
HISI	高/低边带接收：HISI = 1，高边带接收；HISI = 0，低边带接收
MS	单声道/立体声：MS = 1，设置为单声道；MS = 0，设置为立体声
MR	右声道静音：MR = 1，右声道静音，强制单声道；MR = 0，右声道不静音
ML	左声道静音：ML = 1，左声道静音，强制单声道；ML = 0，左声道不静音
SWP1	软件可编程端口 1：swp1 = 1，端口 1 高电平；swp1 = 0，端口 1 低电平
SWP2	软件可编程端口 2：swp2 = 1，端口 2 高电平；swp2 = 0，端口 2 低电平
STBY	待机模式：STBY = 1，待机模式；STBY = 0，非待机模式
BL	调频波段：BL = 1，日本调频波段；BL = 0，美国/欧洲调频波段
XTAL	晶体振荡器选择：XTAL = 1，选择 32.768 kHz；XTAL = 0，选择 13 MHz
SMUTE	软件静音：SMUTE = 1，软件静音打开；SMUTE = 0，软件静音关闭
HCC	高电平切割：HCC = 1，高电平切割打开；HCC = 0，高电平切割关闭
SNC	立体声噪声消除：SNC = 1，立体声噪声消除打开；SNC = 0，立体声噪声消除关闭
SI	搜索标志：SI = 1，端口 1 输出就绪标志；SI = 0，端口 1 是软件可编程端口 1
PLLREF	PLLREF = 1，6.5 MHz 锁相环参考频率使用；PLLREF = 0，6.5 MHz 锁相环参考频率关闭
DTC	去加重时间：DTC = 1，去加重时间 75 μs；DTC = 0，去加重时间 50 μs

表 10-5　搜索停止级别设置

SSL1	SSL0	搜索停止级别
0	0	搜索模式下禁止
0	1	低级，ADC 输出 = 5
1	0	中级，ADC 输出 = 7
1	1	高级，ADC 输出 = 10

表 10-3 中 5 个字节的数据均要通过总线写入 TEA5767，才能使其根据设定正常工作。其中 PLL13 ~ PLL0 的值由预设的频率决定，PLL 值和预设频率的换算关系见下面的公式。

采用高边带接收（HISI = 1）：

$$N = \frac{4 \times (f_{RF} + f_{IF})}{f_{ref}}$$

采用低边带接收（HISI = 0）：

$$N = \frac{4 \times (f_{RF} - f_{IF})}{f_{ref}}$$

式中各参数的意义：

N——PLL 的十进制值；

f_{RF}——想要调谐的频率（Hz）；

f_{IF}——中频频率（Hz）；

f_{ref}——晶体振荡器频率（Hz）。

例如：要接收 92.9 MHz 的广播，采用高边带接收，晶体振荡器频率为 32.768 kHz，则有：

$$N = \frac{4 \times (92900000 + 225000)}{32768} \approx 11368$$

换算成 PLL 字节的十六进数为 0x2C68。

如果要接收 92.9 MHz 的广播（SM = 0），静音关闭（MUTE = 0），设置正常立体声收听（MS = 0，MR = 0，ML = 0），设定采用高边带接收（HISI = 1），波段选择欧洲/美国制式（BL = 0），外接晶体振荡器频率为 32.768 kHz（XTAL = 1），去加重时间 50 μs（DTC = 0），那么按 TEA5767 数据字节格式，写入的数据应该为 0x2C、0x68、0x01、0x07、0x00。把这些数据依次写入 TEA5767 即可接收 92.9 MHz 的广播。

2. 读模式下的数据字节格式

当我们向 TEA5767 发送地址 0x60 和读指令（R/W = 1）后，就可以从 TEA5767 中读出 5 个字节的数据。

表 10-6 是读模式下的数据字节格式，表格中各参数的含义见表 10-7。

表 10-6　读模式下的数据格式

	位 7	位 6	位 5	位 4	位 3	位 2	位 1	位 0
数据字节 1	RF	BLF	PLL13	PLL12	PLL11	PLL10	PLL9	PLL8
数据字节 2	PLL7	PLL6	PLL5	PLL4	PLL3	PLL2	PLL1	PLL0
数据字节 3	STEREO	IF6	IF5	IF4	IF3	IF2	IF1	IF0
数据字节 4	LEV3	LEV2	LEV1	LEV0	CI3	CI2	CI1	CI0
数据字节 5	0	0	0	0	0	0	0	0

表 10-7　字节位的含义

名　称	含　义
RF	就绪标志：RF = 1，已收到一个电台或者到了波段极限；RF = 1，没有发现电台
BLF	波段极限标志：BLF = 1，已经搜索到波段极限；BLF = 0，搜索没有到达波段极限
PLL13-PLL0	当前接收频率的 PLL 值

（续）

名　称	含　义
STEREO	立体声标志：STEREO = 1，接收到立体声；STEREO = 0，接收到单声道
IF6 – IF0	中频计数结果
LEV3 – LEV0	ADC 输出级别
CI3 – CI0	芯片识别号

例如：TEA5767 已经收到一个 92.9 MHz 的立体声电台，采用高边带接收方式（HISI = 1），则读出 TEA5767 的数据字节后，得到 RF = 1，表示搜到一个电台；BLF = 0，表示没有到波段极限；PLL 值为 0x2C68，表示接收到频率为 92.9 MHz 的电台；STEREO = 1，表示电台是立体声广播；ADC 输出值在 0 ~ 16 之间，它表示电台信号强度的大小。

10.2　硬件电路

10.2.1　元器件清单

元器件清单见表 10-8。

表 10-8　元器件清单

序　号	名　称	标　号	规格型号	数　量
1	AVR 单片机	IC_1	ATmega328	1
2	FM 收音模块	IC_2	TEA5767	1
3	集成电路	IC_3	TDA2822	1
4	电阻	R_1	10Ω	1
5	电阻	$R_2 \sim R_5$	10 kΩ	4
6	电阻	R_6、R_7	47Ω	2
7	电位器	R_P	双联 10 kΩ	1
8	电容	C_6、C_7	0.1 μF	2
9	电解电容	C_1	47 μF	1
10	电解电容	C_2、C_3	1 μF	2
11	电解电容	C_4、C_5、C_{10}	100 μF	3
12	电解电容	C_8、C_9	470 μF	2
13	扬声器	SP_1、SP_2	8 Ω 1 W	2
14	开关	S_1、S_2		2
15	电源开关	S_3		1
16	PCB			1
17	IC 插座		28DIP	1
18	电池盒		装 4 节 5 号充电电池	1

10.2.2　电路工作原理

TEA5767 FM 收音机电路如图 10-9 所示。

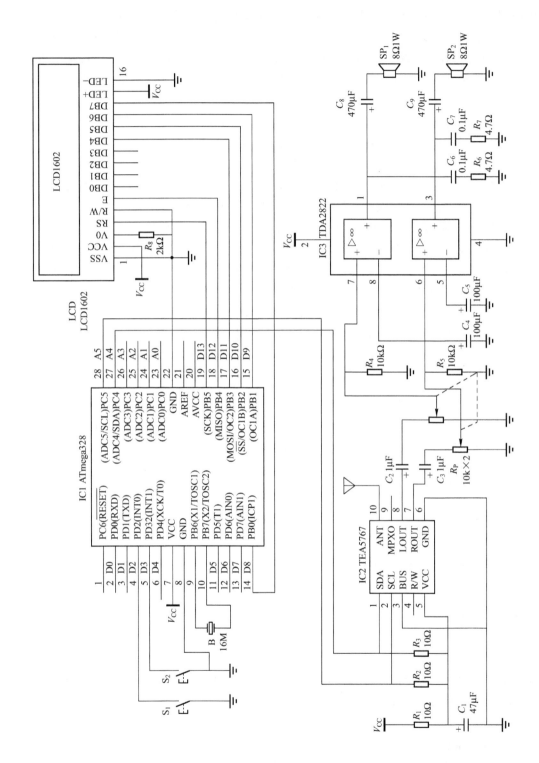

图10—9　TEA5767 FM收音机电路

图中用 AVR 单片机 ATmega328 组成最小 Arduino 系统，以减小体积，降低成本。TEA5767 的 3 脚接地，设定为 I^2C 通信方式。TEA5767 的 SDA、SCL 分别接 ATmega328 的 SDA、SCL 端口，ATmega328 的 27 脚、28 脚可兼作 I^2C 通信专用接口，在 ATmega328 的内部已经集成了这种两线串行接口模块，称为 TWI（Two – Wire serial Interface）接口，它和 I^2C 总线是一回事。

接通电源后，收音机会自动收到预设频率的电台。操作 S_1、S_2 分别向上、向下搜索电台，搜索到电台后会自动停止，搜索过程中 LCD1602 显示接收的频率。

ATmega328 和 LCD1602 采用 4 位数据连接方式，LCD1602 的 R/W 接地，ATmega328 只向 LCD1602 写数据，不从 LCD1602 读数据。LCD1602 显示收音机的工作状态，具体显示内容为：是否在搜索电台、接收电台的频率、信号强度、是单声道还是立体声。

TEA5767 的 10 脚接天线，用来接收 FM 电台的信号。7 脚和 8 脚输出的左、右声道音频信号送双功放集成电路 TDA2822 放大，TDA2822 工作电压为 $1.8 \sim 8\,V$，在 $5\,V$ 供电时可以在 $8\,\Omega$ 的负载得到约 $0.25\,W$ 的功率。接在 TDA2822 输入端的双联电位器 R_p 用来调节收音机的音量，TDA2822 放大后输出的音频信号推动喇叭 SP_1、SP_2 发声。C_2、C_3 和 C_8、C_9 分别为输入和输出音频信号耦合电容，其作用是只能通过交流信号，不能通过直流信号，因此也起到隔直的作用。C_6、R_6 和 R_7、C_7 是高次谐波抑制电路，用于防止电路自激振荡。

10.3　程序设计

程序由接收电台初始化、读取收音模块信息、按键自动搜索电台、频率和工作状态显示等部分组成。为了降低编程难度，程序使用 Arduino IDE 自带的第三方 Wire 类库。

10.3.1　Wire 类库

Wire 类库有下列成员函数。

1. begin( )

功能：初始化 I^2C 连接，将设备加入 I^2C 总线。

语法：

```
Wire. begin( );
Wire. begin( address);
```

参数：

address：没有这个参数时设备以主机加入 I^2C 总线，有这个参数时设备以从机 I^2C 总线，address 为 7 位的从机地址。

返回值：无。

2. requestFrom( )

功能：在主机模式下请求从机发送规定字节数的数据，在调用该函数后必须调用 available( )和 read( )函数读取这些数据。

语法：

> Wire. requestFrom(address, quantity) ;
>
> Wire. requestFrom(address, quantity, stop)

参数：

address：从机的 7 位地址。

quantity：请求的字节数。

stop：boolean 型数值，值为 true 时发送停止信息，释放 I^2C 总线；当值为 false 时发送重启信息，并保持 I^2C 总线不释放。

返回值：从机返回的字节数。

3. beginTransmission( )

功能：用于启动 I^2C 通信，调用此函数后，再用 write( )函数向指定地址的从机发送数据，通过调用 endTransmission( )函数结束数据传输。

语法：Wire. beginTransmission （address）。

参数：

address：从机的 7 位地址。

返回值：无。

4. endTransmission( )

功能：用于结束数据传输。

语法：

> Wire. endTransmission( ) ;
>
> Wire. endTransmission(stop)

参数：

stop：boolean 型数值，值为 true 时发送停止信息，释放 I^2C 总线；当值为 false 时发送重启信息，并保持 I^2C 总线不释放。

返回值：byte 型，表示传输的状态：

0：数据传输成功。

1：数据太长，超出传输缓冲区的范围。

2：发送地址时收到 NACK 信号。

3：发送数据时收到 NACK 信号。

4：其他错误。

5. write( )

功能：用于发送数据和字符串。

语法：

> Wire. write(value) ;
>
> Wire. write(string) ;
>
> Wire. write(data, length)

参数：

value：发送一个字节。

string：发送一系列字节。

data：以字节为单位发送数组。

length：发送的字节数。

返回值：byte 型数值，发送的字节数。

6. available( )

功能：返回接收到的字符数。在主机中一般用于请求从机发送数据后；在从机中一般用于数据接收事件中。

语法：Wire. available( )。

参数：无。

返回值：可供读取的字节数。

7. read( )

功能：读取的一个字节数据。作为主机，在调用 requestFrom( ) 函数后，需要用 read( ) 函数获取数据；作为从机，用 read( ) 函数接收主机发来的数据。

语法：Wire. read( )。

参数：无。

返回值：读取的一个字节数据。

8. onReceive( )

功能：用 onReceive( ) 函数可以在从机端注册一个函数，当从机接收到主机发送的数据时注册的函数即被调用。

语法：Wire. onReceive（handler）。

参数：

handler：从机接收到数据时要被调用的函数，该函数带有一个 int 型参数（从主机读取的字节数）且无返回值，例如：void handler（int numBytes）。

返回值：无。

9. onRequest( )

功能：用 onRequest( ) 函数可以在从机端注册一个函数，当从机接收到主机发送的数据请求的指令后注册的函数即被调用。

语法：Wire. onRequest（handler）。

参数：

handler：当从机接收到主机发送的数据请求时要被调用的函数，该函数没有参数，无返回值，例如：void handler( )。

10.3.2 程序

在本章介绍的项目中，Arduino 是主机，TEA5767 是从机，由于 TEA5767 中的程序在生产过程中已经固化好了，因此我们只要编写 Arduino 的程序。

我们先看一个收听一个固定电台的程序，在弄清楚这个程序的基础上解读完整的程序就不困难了。

代码如下：

```
#include  < Wire. h >
unsigned char pllH = 0;
unsigned char pllL = 0;
unsigned int pll;
float frequency = 87. 6;

void setup( )
{
  Wire. begin( );
  pll = 4 * ( frequency * 1000000 + 225000)/32768;
  pllH = pll > >8;
  pllL = pll&0xFF;
  Wire. beginTransmission(0x60);
  Wire. write(pllH);
  Wire. write(pllL);
  Wire. write(0xB0);
  Wire. write(0x10);
  Wire. write(0x00);
  Wire. endTransmission( );
}

void loop( )
{}
```

这个程序主要分两个部分，第一部分：把要收听的电台的频率转换成对应 TEA5767 内部的 PLL 值；第二部分：向 TEA5767 写入 5 个字节的设置值，对应表 10-3 不难理解设置参数的意义。

将这段程序写入 Arduino 就可以收到一个设定有电台，改变 frequency 的值就可以收听到不同的电台。在实际使用中采取自动搜索电台的方法来选择不同的电台，并显示电台的频率和信息强度以及收音机的工作状态，完整的程序如下：

```
#include  < Wire. h >
#include  < LiquidCrystal. h >
unsigned char search_mode = 0;
int count;
#define Button_prev 2              //D2
#define Button_next 3              //D3
unsigned char pllH = 0;
unsigned char pllL = 0;
unsigned int pll;
float frequency = 87. 6;           //starting frequency
double freq_available = 0;
unsigned char buffer[5];
```

```
LiquidCrystal lcd(13, 12, 11, 10, 9, 8);

void getPll(void)
{
    pll = 4 * (frequency * 1000000 + 225000)/32768;
    pllH = pll >> 8;
    pllL = pll&0xFF;
}

void getFrequency (void)
{
    Wire. requestFrom(0x60,5);
    if (Wire. available())
    {
        for (int i = 0; i < 5; i ++)
            buffer[i] = Wire. read();
    }
    freq_available = (((buffer[0]&0x3F) << 8) + buffer[1]) * 32768/4 - 225000;
}

void LCDdisplay()
{
    lcd. setCursor(0, 0);
    lcd. print(" FM ");
    lcd. print((freq_available/1000000));
    if (search_mode&&buffer[0]&0x80)
        search_mode = 0;
    if (search_mode)
        lcd. print(" SCAN");
    else
        lcd. print("        ");
    lcd. setCursor(0, 1);
    lcd. print("Level: ");
    lcd. print((buffer[3] >> 4));
    lcd. print("/16 ");
    if (buffer[2]&0x80)
        lcd. print("STEREO ");
    else
        lcd. print("MONO   ");
}

void buttonRead()
{
```

```
    if (! digitalRead(Button_next)&&! count)
    {
        frequency = (freq_available/1000000) +0.05;
        getPll();
        Wire. beginTransmission(0x60);
        Wire. write(pllH);
        Wire. write(pllL);
        Wire. write(0xB0);
        Wire. write(0x1F);
        Wire. write(0x00);
        Wire. endTransmission();
        count = 100;
    }
    if (! digitalRead(Button_next)&&count ==1)
    {
        //向上搜索
        search_mode = 1;
    Wire. beginTransmission(0x60);
    Wire. write(pllH +0x40);
    Wire. write(pllL);
    Wire. write(0xD0);
    Wire. write(0x1F);
    Wire. write(0x00);
    Wire. endTransmission();
    count = 100;
    }
    if (! digitalRead(Button_prev)&&! count)
    {
        frequency = (freq_available/1000000) -0.05;
    getPll();
    Wire. beginTransmission(0x60);
    Wire. write(pllH);
    Wire. write(pllL);
    Wire. write(0xB0);
    Wire. write(0x1F);
    Wire. write(0x00);
    Wire. endTransmission();
    count = 100;
    }
    if (! digitalRead(Button_prev)&&count ==1)
    {
        //向下搜索
        search_mode = 1;
```

```
        Wire. beginTransmission(0x60);
        Wire. write(pllH + 0x40);
        Wire. write(pllL);
        Wire. write(0x50);
        Wire. write(0x1F);
        Wire. write(0x00);
        Wire. endTransmission();
        count = 100;
      }
   }

   void setup()
   {
       Wire. begin();
       lcd. begin(16, 2);
       pinMode(Button_next, INPUT_PULLUP);
       pinMode(Button_prev, INPUT_PULLUP);
       getPll();
       Wire. beginTransmission(0x60);  //写 TEA5767
       Wire. write(pllH);
       Wire. write(pllL);
       Wire. write(0xB0);
       Wire. write(0x10);
       Wire. write(0x00);
       Wire. endTransmission();
       delay(100);
   }
   void loop()
   {
       getFrequency();
       LCDdisplay();
       buttonRead();
       delay(50);
       if(count! = 0)
       count -- ;
   }
```

程序解读：

1. 程序初始化

这部分主要由 Arduino 相关端口的设置、Arduino 和 LCD1602 的连线模式、开机后预设收听电台等部分组成。

2. 自动搜索电台

分别由 S_1、S_2 控制向上（频率增加）或向下（频率减小）搜索电台。不管是向上还是向下搜索电台都是分两步进行，第一步：将正在接收的频率调偏 0.05 MHz，向上搜索时增加 0.05 MHz，向下搜索时减小 0.05 MHz，以脱离正在接收的电台。第二步：进行搜索，当搜索到大于设定信号强度的电台时即停止搜索。搜索停止级别由 SSL 设定的值确定，只有当接收到的电台 RF 信号 ADC 值大于 SSL 值时才会停止搜索。SSL 设定值过大，则信号弱的电台就有可能无法搜索到；SSL 设定值过小，电台的镜像频率可能也会被收到，有时候会脱离不了正在接收的强台，松下按钮又被拉了回来，因此要根据实际情况选择合适的 SSL 值。上述程序搜索时 SSL 的值设定为中等级别，读者可根据情况进行修改。

3. LCD1602 显示

LCD1602 用来显示接收电台的频率，TEA5767 是否处于搜索状态，RF 信号强度 ADC 的值，接收的电台是单声道还是立体声。液晶屏幕显示内容分配见表 10-9。

表 10-9　液晶屏幕显示内容分配

行＼列	0	1	2	3	4	5	6	7	8	9	10	11	12	13	14	15
0	F	M		8	7	.	6			S	C	A	N			
1	L	e	v	e	l	:		6	/	1	6		S	T	E	R	E	O

10.4　安装调试与使用

10.4.1　装配电路板

FM 收音机 PCB 设计图如图 10-10 所示，制作好的 PCB 如图 10-11 所示。

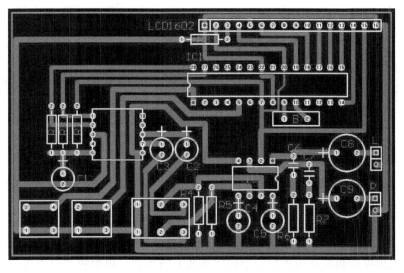

图 10-10　PCB 设计图

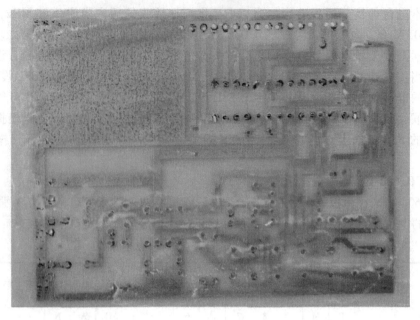

图 10-11　制作好的 PCB

　　由于 TEA5767 收音模块尺寸很小，焊接比较困难，设计 PCB 时将其设置在元件面，没有当作贴片元件设置在焊接面，因此要用细铜丝给其焊接引脚，铜丝直径 0.4 mm 左右，焊接好引脚的模块如图 10-12 所示。

　　先焊接其他元件，电路板上的电解电容比较多，焊接时要注意其极性，不要接反了。TEA5767 最后焊接，装配好的电路板如图 10-13 所示。

图 10-12　TEA5767 焊接引脚

图 10-13　装配好的电路板

10. 4. 2　总装

　　LCD1602 用排针和电路板连接，给电路板接上扬声器，再给收音机焊接一根天线，装配工作就基本完成了，如图 10-14 所示。

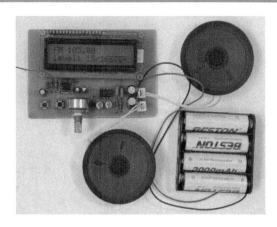

图 10-14　装配好的收音机

10.4.3　调试与使用

收音机的控制器直接用了 AVR 单片机 Atmega328，下载程序采用第 2 章介绍的方法。烧写引导程序 bootloader 时板卡可选择 Arduino UNO，引导程序烧写好了以后再下载程序，完成后将单片机插入电路板上的 IC 插座就可以通电调试了，插单片机时应注意引脚的顺序，不要接反了。

在搜索电台的时候，如果一下就搜索到了调频波段的高端或低端，收不到电台，说明电台信号较弱，可先加长天线试试，如果还不行，可降低搜索停止级别，将程序中的语句

  Wire. write(0xD0);

和

  Wire. write(0x50);

分别改为

  Wire. write(0xB0);

和

  Wire. write(0x30);

在搜索电台的时候，如果脱离不了强台的位置，可提高搜索停止级别，将程序中的语句

  Wire. write(0xD0);

和

  Wire. write(0x50);

分别改为

Wire. write(0xF0);

和

Wire. write(0x70);

重新下载程序后收音机就能正常工作了。

使用时最好给收音机做一个机箱,两只扬声器分左、右声道分别安装在机箱的两边。

第 11 章

脉搏监测仪

脉搏为体表可触摸到的动脉搏动。血液经由心脏的左心室收缩而挤压流入主动脉，随即传递到全身动脉，在体表较浅处动脉也可以感受到此扩张，即所谓的脉搏。

通过触摸动脉搏动不仅可以测量人的心率，还能判断脉搏间隔是否均匀以及脉搏的强弱变化等。临床上有许多疾病，特别是心脏病可使脉搏发生变化。因此，测量脉搏对病人来讲是一个不可缺少的检查项目，中医更是将切脉作为诊治疾病的主要方法之一。

本章介绍的脉搏监测仪可以通过液晶显示屏显示脉搏跳动的波形和心率，测量时只要将传感器固定在指尖或耳垂即可，可随身携带使用。

11.1 预备知识

脉搏监测仪要用到两个重要的器件：脉搏测量传感器和 LCD12864 液晶显示屏。

11.1.1 脉搏传感器

传统的脉搏测量方法主要有三种：一是从心电信号中提取；二是在测量血压时从压力传感器的波动信号中提取；三是光电容积法。其中用光电容积法脉搏测量是最常用的方法，具有方法简单、佩戴方便、可靠性高等特点。

人体组织在血管搏动时其透光率会随着脉动发生周期性的变化，光电容积法就是基于这一原理实现脉搏测量的。其使用的传感器由光源和光电变换器两部分组成，通过绑带或夹子固定在病人的手指或耳垂上。对动脉血中氧和血红蛋白敏感的光源波长为 500 ~ 700 nm，一般使用绿光 LED 作光源。当光束透过人体外周血管，由于动脉搏动充血容积变化导致这束光的透光率发生改变，使其透射光线和反射光线的强度也发生变化，将光电变换器接收到的经人体组织透射或反射的光线转变为电信号，再经放大后输出。由于脉搏是随心脏的搏动而周期性变化的信号，动脉血管容积周期性变化，因此光电变换器的电信号也呈周期性的变化。在实际使用中常采用反射光线作为光电变换器的信号光源。

根据上述测量原理可以制作出脉搏传感器，脉搏传感器由绿色光源、光电变换器（可使用光电二极管或光电晶体管）、低通滤波电路和放大电路等部分组成。为了制作方便，直接使用了市场上很容易买到的 PulseSensor 光电反射式模拟传感器，如图 11-1 所示。它有三个接线端：电源 +、接地和信号输出端 S。PulseSensor 的供电电压为 3~5 V，输出信号为模拟信号。

PulseSensor 的电路如图 11-2 所示，传感器采用了峰值波长为 515nm 的绿光 LED，型号为 AM2520。光电转换器型号为 AP-DS-9008，这是一款环境光感受器，其接收峰值波长为 565nm，两者的峰值波长相近，灵敏度较高。由于光电转换器输出的脉搏信号幅度也很小，容易受到各种信号的干扰，而脉搏信号的频率很低，因此在转换器后面加了由运放 MCP6001 等组成的低通滤波放大器，将信号放大约 300 倍，放大后的信号可以直接接 Arduino 的模拟输入端。

图 11-1　PulseSensor

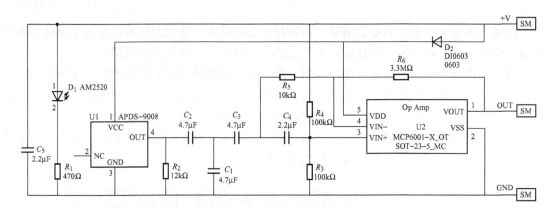

图 11-2　PulseSensor 电路图

PulseSensor 是一款开源硬件，其官方网站上有其对应的下位机 Arduino 程序和上位机 Processing 程序，上位机为计算机，通过计算机显示脉搏波形和心率。这里我们要重新编写 Arduino 程序，使用液晶屏显示脉搏波形和心率。

11.1.2　LCD12864 液晶显示屏

LCD12864 是点阵型图形液晶显示屏，顾名思义，它的分辨率为 128 像素×64 像素。这种液晶显示屏主要有三种控制器，分别是 KS0108、T6963、ST7920。这三种控制器的区别是：KS0108 不带任何字库，T6963 带 ASCII 码字库，ST7920 带国标二级字库（8000 多个汉字）。

本章使用控制器为 ST7920 的 LCD12864，如图 11-3 所示。上述三种控制器中只有这种控制器液晶模块具有并口和 SPI 串口两种通信方式，SPI 串口通信方式可节省 Arduino 的端口，使用比较方便，这里采用这种通信方式。

LCD12864（ST7920）的引脚功能见表 11-1。

图 11-3　LCD12864 液晶显示屏

表 11-1　LCD12864（ST7920）的引脚功能

引　脚	名　称	型　态	电　平	功 能 描 述	
				并口	串口
1	GND	I	–	电源地	
2	V_{CC}	I	–	模块电源输入（未注明时默认为 5 V）	
3	V_0	I	–	对比度调节端	
4	RS（CS）	I	H/L	寄存器选择端：H 数据；L 指令	片选，L 有效
5	R/W（SID）	I	H/L	读/写选择端：H 读；L 写	串行数据线
6	E（SCLK）	I	H/L	使能信号	串行时钟输入
7 – 10	DB0 – DB3	I/O	H/L	数据总线低四位	空接
11–14	DB4 – DB7	I/O	H/L	数据总线高四位，4 位并口时空接	空接
15	PSB	I	H/L	并口/串口选择：H 并口；L 串口	
16	NC			空脚	
17	RST	I	H/L	复位信号，低有效	
18	VEE	I	–	液晶驱动电压输出端（或名为 $Vout$）	
19	LEDA	I	–	背光正（或名为 A、BLA）	
20	LEDK	I	–	背光负（或名为 K、BLK）	

　　LCD12864 和 Arduino 的 SPI 串口通信有两种接线方式，第一种是 LCD12864 的 SPI 端口直接和 Arduino 的硬件 SPI 串口连接，即串行时钟输入 SCKL 接 Arduino 的 SCK（D13）口，串行数据线 SID 接 Arduino 的 MOSI（D11）口，片选 CS 可接其他数字接口，这是硬件 SPI 串口的接法；第二种是 SCKL 和 SID 接 Arduino 的数字接口，用软件模拟 SPI 串口。相对来说第一种方式运行速度稍快，程序效率高。

11.2　硬件电路

　　脉搏监测仪电路如图 11-4 所示，电路结构很简单，主要有 3 个模块组成。

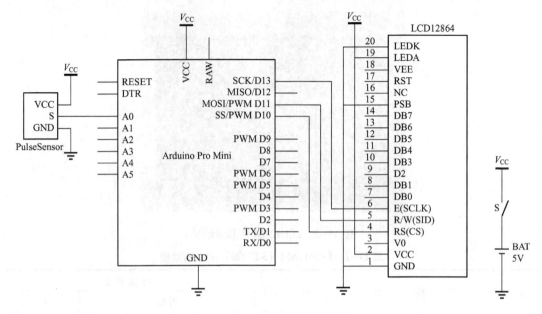

图 11-4　脉搏监测仪电路图

电路的工作过程是这样的：由 PulseSensor 将检测到的脉搏信号转换成相对应的电信号，输出到 Arduino 的模拟输入端 A0。Arduino 对输入信号后进行数模转换，计算出对应点的 LCD12864 中的坐标，通过 LCD12864 绘制出脉搏搏动的波形，同时计算出心率在 LCD12864 上显示。

电路采用硬件 SPI 串口接法，通过 LCD12864 的并行串行选择端 PSB 接地选择 SPI 串口通信。由于这里不需要让 LCD12864 复位，因此 RES 引脚悬空不接。LCD12864 模块的对比度在出厂时已经调好，故 V_0 脚也可以悬空不接。

11.3　程序设计

程序由模拟信号采集与处理、LCD12864 驱动与显示等部分组成。其中与 LCD12864 相关的程序使用了 U8glib 类库，U8glib 类库支持很多 LCD 驱动芯片，使用比较方便。

11.3.1　U8glib 类库

U8glib 类库相关内容和下载见网站：https://github.com/olikraus/u8glib。

1. 构造函数

U8glib 类库支持很多液晶显示屏的驱动芯片，每一种芯片都有一个类，并有相应的构造函数。这些构造函数的作用是定义类的对象和引脚。对于驱动芯片 ST7920，和它相关的构造函数有三个：

　　　U8GLIB_ST7920_128X64( )
　　　U8GLIB_ST7920_128X64_1X( )
　　　U8GLIB_ST7920_128X64_4X( )

其中 U8GLIB_ST7920_128X64( ) 是老版本的构造函数。U8GLIB_ST7920_128X64_1X( )

和 U8GLIB_ST7920_128X64_4X( ) 的区别是前者页面大小（Page Size）为 128 B，后者页面大小（Page Size）为 512 B，在使用过程中没有发现效果有什么区别。

下面以 U8GLIB_ST7920_128X64_4X( ) 为例介绍构造函数。

功能：定义类的对象和引脚。

语法：

> U8GLIB_ST7920_128X64_4X u8g(sck, mosi, cs [, reset]) ;
>
> U8GLIB_ST7920_128X64_4X u8g(cs [, reset]) ;
>
> U8GLIB_ST7920_128X64_4X u8g(db0, db1, db2, db3, db4, db5, db6, db7, en, rs, r/w [, reset]) ;

这三个函数表达式中前两个对应串行接法，这两个中第一个使用模拟 SPI 串口，第二个使用硬件 SPI 串口；最后一个对应并行接法。

参数：

u8g：U8GLIB_ST7920_128X64_4X 定义的对象。

sck：时钟输入端要接的 Arduino 引脚编号。

mosi：数据输入端要接的 Arduino 引脚编号。

cs：片选端要接的 Arduino 引脚编号。

db0 ~ db7：并行接法时各数据端要接的 Arduino 引脚编号。

en：使能端要接的 Arduino 引脚编号。

rs：寄存器选择端要接的 Arduino 引脚编号。

r/w：读/写选择端要接的 Arduino 引脚编号。

reset：复位端要接的 Arduino 引脚编号，可选项，当不使用复位端时，硬件电路上不接线，函数中参数 reset 连同中括号不写。

例如：使用软件 SPI 串口，不使用复位 reset 端，sck、mosi、cs 分别接 Arduino 数字引脚 7、8、9，对象名取 u8g，则构造函数表达式为

> U8GLIB_ST7920_128X64_4X u8g(7,8,9) ;

对应电路如图 11-5 所示。

2. 常用的成员函数

（1）绘制图形

1）drawPixel( )

功能：画一个点，如图 11-6 所示。

语法：u8g. drawPixel(x,y) 。

参数：

u8g：u8glib 类库的一个对象。

x：要画的点的横坐标。

y：要画的点的纵坐标。

2）drawLine( )

功能：画一条线段，如图 11-7 所示。

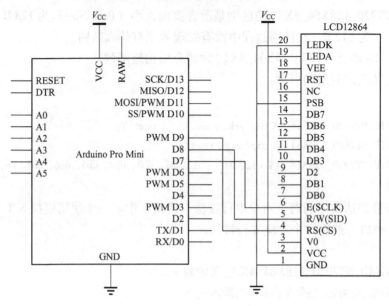

图 11-5　U8GLIB_ST7920_128X64_4X u8g(7,8,9)对应的电路图

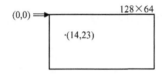

图 11-6　画一个点

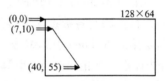

图 11-7　画一条线段

语法：u8g. drawLine（x1，y1，x2，y2）。

参数：

u8g：u8glib 类库的一个对象。

x1：线段起点横坐标。

y1：线段起点纵坐标。

x2：线段终点横坐标。

y2：线段终点纵坐标。

3）drawFrame( )

功能：画一个矩形，如图 11-8 所示。

语法：u8g. drawFrame（x，y，w，h）。

参数：

u8g：u8glib 类库的一个对象。

x：矩形左上角点的横坐标。

y：矩形左上角点的纵坐标。

w：矩形的宽。

h：矩形的高。

类似地，画实心矩形函数：drawBox( )。

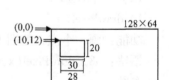

图 11-8　画一个矩形

（2）显示字符

1）setFont（）

功能：在显示文字前用来设置要显示字符的字体。

语法：u8g. setFont（font）。

参数：

u8g：u8glib 类库的一个对象。

font：字体样式。u8glib 的字体样式见：https://github. com/olikraus/u8glib/wiki/font-group。

2）drawStr（）

功能：显示字符，如图 11-9 所示。使用前要使用 setFont 函数设置要显示字符的字体。

语法：u8g. drawStr(x,y,String)。

参数：

u8g：u8glib 类库的一个对象。

x：字符左下角的横坐标。

y：字符左下角的纵坐标。

String：要显示的字符。

图 11-9　显示字符

另外还有 drawStr90（）；drawStr180（）；drawStr270（）；使字符顺时针旋转响应的角度。

3）setPrintPos

功能：在使用 print（）函数前用来设置显示位置。

语法：u8g. setPrintPos（x，y）。

参数：

u8g：u8glib 类库的一个对象。

x：显示位置的横坐标。

y：显示位置的纵坐标。

4）print（）

功能：显示数据，使用前需用 setPrintPos（）函数设置位置。

语法：u8g. print（data）。

参数：

u8g：u8glib 类库的一个对象。

data：要显示的数据。

（3）显示图像

1）drawXBMP（）

功能：显示一幅位图，如图 11-10 所示。

语法：u8g. drawXBMP（x，y，w，h，bitmap）。

参数：

u8g：u8glib 类库的一个对象。

x：位图左上角的横坐标。

图 11-10　显示一幅位图

y：位图左上角的纵坐标。

w：位图的宽。

h：位图的高。

bitmap：位图数组。

2）drawBitmapP（）

功能：显示一幅位图。

语法：u8g. drawBitmapP（x, y, cnt, h, bitmap）。

参数：

u8g：u8glib 类库的一个对象。

x：位图左上角的横坐标。

y：位图左上角的纵坐标。

cnt：在水平方向上的位图的字节数。该位图的宽度是 cnt * 8（1B = 8 位）。

h：位图的高。

bitmap：位图数组。

3. u8glib 应用程序结构

使用 u8glib 类库时程序结构比较特殊，要使图像正常显示，程序要按下列结构编写。

```
#include "U8glib. h"
U8GLIB_ ST7920_128X64_4X u8g( ... );          //结构函数根据液晶屏所用的驱动芯片选用
void draw( ){ ... }
void setup( ) { ... }
void loop( )
{
    u8g. firstPage( ); //图像循环开始
    do
    {
        draw( );                              //根据图形显示要求编写的显示函数
    }
    while( u8g. nextPage( ));                  //图像循环结束
}
```

程序中的 draw（）是一个自定义函数，编写时根据要求使用 u8glib 类库的成员实现图形显示。当然显示不复杂时可以不用 draw（）函数，直接将显示代码写在 loop（）函数中 do 后面的括号内。

11.3.2　程序设计

程序代码如下：

```
#include  <U8glib. h>                     //U8glib 库头文件
U8GLIB_ST7920_128X64_4X u8g( 10 );        //采用硬件 SPI 串口, CS 端接 Arduino 数字引脚 10
int input = A0;                          //输入引脚
int x;                                   //横坐标
```

```
int HR;
int Buffer[128];
unsigned long t0,t1;

void draw()
    {
    for(int i = 0;i < 127;i ++)
        u8g. drawLine(i,Buffer[i] ,i + 1,Buffer[i + 1]);         //画线
    //显示参数
    u8g. drawStr(0,7,"HeartRate:");
    u8g. setPrintPos( 60,6);
    u8g. print(HR);
    }


void setup()
    {
    u8g. setFont(u8g_font_5x7);                                  //设置显示字体
    }


void loop()
    {
    Buffer[x] = map(analogRead(input),0,1023,63,7);
    if(x > 0&&Buffer[x – 1] > 35 && Buffer[x] < 35)
        {
        t0 = t1;
        t1 = millis();
        HR = 60000/(t1 – t0);
        }
    u8g. firstPage();
    do
        {
        draw();
        }
    while( u8g. nextPage());
    x ++ ;
    if(x > 127)
        x = 0;
    }
```

程序解读：

1. 信号取样

LCD12864 显示点的位置是坐标确定的，横坐标表示时间，纵坐标表示信号的幅度，反映模拟输入值的大小。由于模拟输入经模数转换后的数值范围为 0 ～ 1023，而 LCD12864 的

垂直分辨率为 64，即最多只能显示 64 个点，取值范围为 0 ~ 63。因为液晶屏的上方显示心率的参数，字体大小为 5 × 7，所以在垂直方向上能显示脉搏波形的范围为 7 ~ 63。为了正确地将脉搏波形显示在液晶屏上，必须将输入的模拟数值进行映射转换，在转换时还要考虑到 LCD12864 的纵轴方向是向下的，即越往下坐标值越大，因此还对方向进行转换，转换使用 map（）函数，语句如下。

$$Buffer[x] = map(analogRead(input),0,1023,63,7);$$

上述语句中 Buffer[x] 表示点的纵坐标，即用数组来存储一幅脉搏波形 128 个点的纵坐标。

2. 波形显示

由于用数组的元素来存储纵坐标的值，因此点的坐标为（x，Buffer[x]）。为了避免波形由孤立的点组成，显示时采用连线的方式，即对于相邻的两个点（x，Buffer[x]）和（x + 1，Buffer[x + 1]），不是只显示这两个点，还要显示这两点连线上的点，这样脉搏波形就是连续的了。

人的正常心率为 60 ~ 100 次/min，对应的信号周期长达 1 s 左右，因此脉搏信号取样时时间间隔不能太小，不然液晶屏连一个脉搏波形都不能完整显示。这里采用的是 loop（）函数循环一次取一次样，用循环一次的时间作为相邻两次取样的间隔。每循环一次显示波形刷新一次，这样做的效果是可以直观地看到脉搏在屏幕上从左到右的跳动过程。

在 loop（）函数循环的过程中每循环一次横坐标 x 的值都增加 1，值大于 127 时归 0，如此反复循环。

3. 心率计算

测量心率的方法是先测量脉搏的周期，再根据周期计算出心率。先利用 millis（）函数分别测量相邻脉冲信号穿越同一条水平线 t_0 和 t_1，如图 11-11 所示。

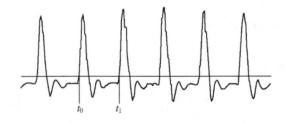

图 11-11　脉搏周期测量

脉搏周期为（$t_1 - t_0$）ms，据此就可以计算 1 min 心跳的次数即心率为

$$60000/(t_1 - t_0)$$

穿越水平线的依据是相邻两点的值及其变化趋势，例如取被穿越的水平线的纵坐标为 35（即水平线为直线 y = 35），则判断的依据是前一点的值大于 35，后一点的值小于 35，假设横坐标分别为 x - 1 和 x，判断的条件即 Buffer[x - 1] > 35 和 Buffer[x] < 35 同时成立。

注意，编译前要先将库文件 U8glib 复制到 Arduino 软件安装目录的 libraries 文件夹中。

11.4　安装调试与使用

11.4.1　装配电路板

因为电路比较简单，可以直接使用洞洞板装配电路板，装配图如图 11-12 所示。

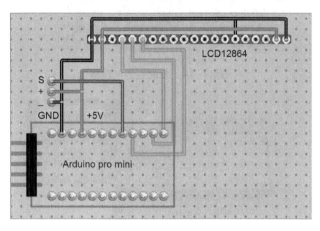

图 11-12　装配图

将 Arduino Pro mini 焊接好插针，然后再焊接在电路板上。

LCD12864 和电路板之间采用单排插针连接，将 20 针的排针焊接在 LCD12864 上，如图 11-13 所示，对应的 20 针排座焊接在电路板上。

图 11-13　在 LCD12864 上焊接插针

焊接 LCD12864 时要注意：显示屏的第 15 脚（PSB）是通信方式选择端，一般出厂时 15 脚是悬空的，让用户自己选择，但也有厂家在出厂时已用一只 0 Ω 电阻将其接 V_{CC} 了，默认状态为并行方式，如果这时将 15 脚直接接地就会造成电源短路了，应先将这个 0 Ω 拆除。

装配好的电路板如图 11-14 所示。

插上 LCD12864，接上脉搏传感器和电池盒，如图 11-15 所示。

图 11-14 装配好的电路板

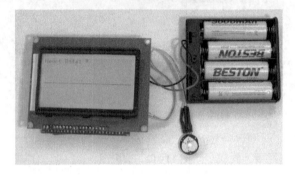

图 11-15 做好的脉搏测量仪

11.4.2 调试与使用

检查接线没有问题后即可下载程序，下载完程序后接通电源，将手指轻轻按在传感器上，一会儿我们就能看到脉搏跳动的波形和心率的大小，测量效果如图 11-16 所示。

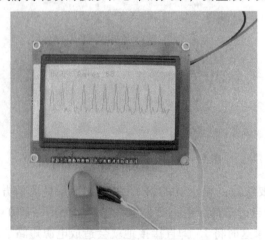

图 11-16 测量效果图

在使用过程中手指的压力比较难控制，压力大了和小了效果都欠佳，解决这一问题的方法是做一个指套，将手指裹住测量。

第 12 章

数字示波器

示波器能把人眼看不见的电信号变换成看得见的波形，便于人们研究各种电现象的变化过程。对于初学者来说，要成功制作一台示波器是比较困难的，因为涉及到知识、技术水平的问题，还有器材的问题。本章将介绍一种用 Arduino 制作的数字示波器，把制作示波器的难度降低到最低。

示波器主要参数如下：

最高采样率：400 kHz。

带宽：50 kHz。

输入电压：0 ~ 5 V。

液晶屏：LCD12864（分辨率：128 × 64 驱动芯片：ST7920）。

测量显示区：96 × 64。

信息显示区：32 × 64，显示水平扫描速度、垂直灵敏度、Vpp、频率等参数。

触发方式：上升沿触发。

水平扫描速度：0.02 ~ 10 ms/div，按 1 – 2 – 5 进位分九挡。

Hold 功能：冻结显示波形和参数。

电源：5 V。

12.1　预备知识：示波器简介

示波器是一种用途广泛的电子测量仪器，用它能直接观察电信号的波形，也能测定电压信号的幅度、周期和频率等参数。凡是能转化为电压信号的电学量和非电学量都可以用示波器来观测。借助示波器我们可以直观地"看到"电路各点的状态。因此示波器是电子爱好者的重要工具。

示波器按电信号处理方式的不同可分为两种：模拟示波器和数字示波器。

模拟示波器如图 12-1 所示，它采用的是模拟电路，其原理框图如图 12-2 所示。模拟示波器使用示波管显示波形，示波管是一种真空阴极射线管，示波管的显示屏是一个涂有荧光物质的屏幕，示波管的电子枪向屏幕方向发射电子，发射的电子经聚焦形成电子束，并打到屏幕上，屏幕上被电子束打中的点的荧光物质就会发出一个亮点。电子束受水平（X）偏转板受扫描电信号控制不断从左到右打到屏幕上发光，当没有输入电信号时可以形成一条水平亮线。垂直（Y）偏转板受输入电信号的大小控制，当有输入电信号时，屏幕发光点会在垂直方向发生和输入电信号大小成正比的偏移，这样就可以显示信号的波形了。控制水平偏转的扫描电信号变化速度越快（对应参数称为水平扫描速度），光点在屏幕水平方向移动的速度就越快，能观察的输入信号的频率就越高（对应参数称为带宽）。

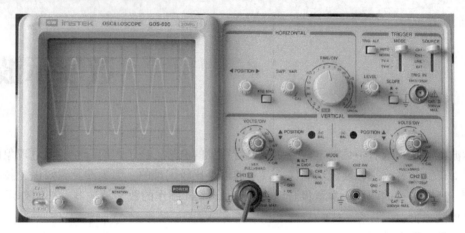

图 12-1　模拟示波器

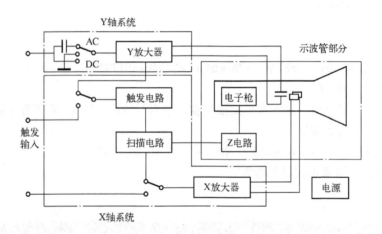

图 12-2　模拟示波器原理框图

　　数字示波器如图 12-3 所示。它是采用数据采集、模数转换、软件编程等一系列技术制造出来的高性能示波器。数字示波器的工作方式是通过模数转换器（ADC）把被测电压转换为数字信息。数字示波器捕获的是波形的一系列样值，并对样值进行存储，存储限度是判断累计的样值是否能描绘出波形为止，随后，数字示波器重构波形。数字示波器要改善带宽主要需要

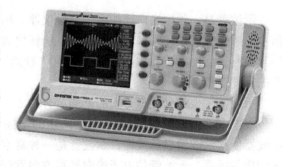

图 12-3　数字示波器

提高模数转换器的性能。

本章介绍的数字示波器采用单片机内部自带的模数转换器，用第 11 章使用过的 LCD12864 作显示屏，电路十分简单。

12.2 硬件电路

12.2.1 元器件清单

元器件清单见表 12-1。

表 12-1 元器件清单

序号	名称	标号	规格型号	数量
1	Arduino 控制器		Arduino Pro mini	1
2	液晶屏		LCD12864（驱动芯片 ST7920）	1
3	电位器	R_P	50 kΩ	1
4	电解电容	C	100 μF 25 V	1
5	开关	S_1、S_2、S_3		3
6	电源开关	S_4		1
7	洞洞板		70×45 mm，70×15 mm	2
8	电池盒		装 4 节 7 号充电电池	1

12.2.2 电路工作原理

数字示波器电路如图 12-4 所示。

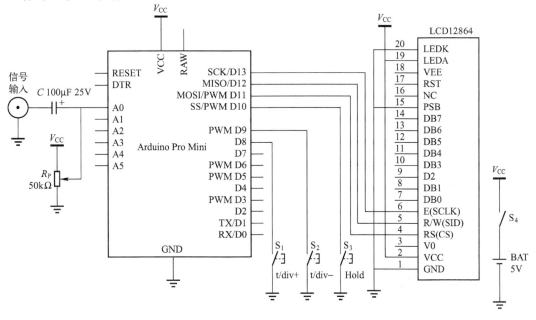

图 12-4 数字示波器电路图

数字示波器的功能框图如图 12-5 所示。数模转换使用了 Arduino 中 AVR 单片机内部的 ADC。

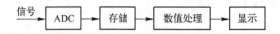

图 12-5　数字示波器的功能框图

电路的工作过程为：信号输入后先进行 ADC 数模转换，其作用就是将连续信号数字化。一般把实现连续信号到离散信号的过程叫采样。连续信号经过采样和量化后才能进行处理。通过测量等时间间隔波形的电压幅值，并把该电压值转化为用二进制代码表示的数字信息，这就是数字示波器的采样。采样的工作过程如图 12-6 所示。采样的时间间隔越小，那么重建出来的波形就越接近原始信号。

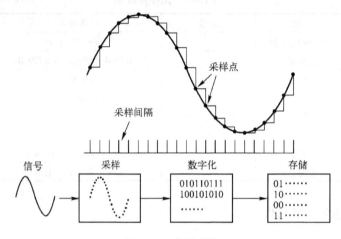

图 12-6　信号采样

采样取得的数据以数组的形式先存入单片机 SRAM 存储器内，待存满所需要的数据后再由单片机对数据进行处理，数据处理有两项任务：一是找到信号的上升沿触发点，把从这一点开始的 96 个数据通过串行信号输出给 LCD12864 液晶屏显示波形，显示完一帧波形后再重复上述的工作，每次扫描的触发点的纵坐标值要相同，使信号同步，这样才能保证液晶屏显示稳定的信号波形，不然波形会左右移动闪烁，无法正常观看；二是通过采集的数据计算输入信号的电压峰峰值 V_{pp}，计算输入信号的频率，并通过液晶屏显示。

电位器 R_P 为垂直位移调节电位器，通过用它调节 A0 输入端的直压电位，可以改变水平扫描线的位置，一般将水平扫描线调到垂直中心位置。电解电容 C 为交流耦合电容，隔离测量的直流电位，以简化示波器的调节。

12.3　程序设计

12.3.1　最简单的实验程序

我们先编写一个最简单的数字示波器实验程序，通过它了解数字示波器的基本工作原理，在此基础上再对程序进行完善就可以得到我们所需要的程序。同时在电路设计的初期利用这个程序将有利于我们进行电路实验，为电路定型提供依据。

先用 Arduino UNO 控制器和面包板搭建试验电路，接线如图 12-7 所示。

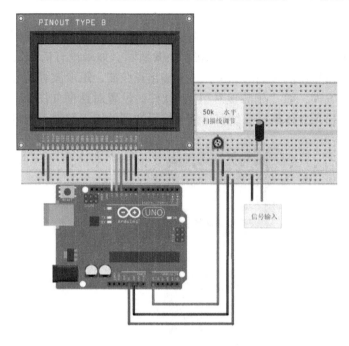

图 12-7　实验电路接线图

程序代码如下：

```
#include  < U8glib. h >                        //U8glib 库头文件
U8GLIB_ST7920_128X64_4X u8g(13, 12, 11);      //声明液晶屏,13 = SCLK, 12 = SID, 11 = CS
int x;
int Buffer[128];
void setup() {   }
void loop()
{
    for(x = 0;x < 128;x ++)                   //信号采样
    Buffer[x] = map(analogRead(A0),0,1023,63,0);
    u8g. firstPage();                         //清屏
    do                                        //显示波形
    {
        for(x = 0;x < 127;x ++)
        u8g. drawLine(x,Buffer[x],x + 1,Buffer[x + 1]); //画相邻两点连线
    }
    while(u8g. nextPage());
}
```

这段程序分两部分，第一部分是将信号取样 128 次，并把计算出的纵坐标的结果存入数

组 Buffer[128]，这时候不做其他任何事情，以提高取样速度；第二部分是待取样完成后，从数组中读出数据送 LCD12864 显示信号的波形。上述取样和显示波形是交替进行的，因为取样的速度很快，以致我们感觉不到它所造成的屏幕显示的暂停，我们看到的是连续变化的信号波形。

将程序下载到 Arduino UNO 中，接通电源，将示波器的输入端接到信号发生器上，我们就可以在液晶屏上看到信号的波形了，如图 12-8 所示。如果没有信号发生器，可使用计算机声卡输出的音频信号作信号源。为了让声卡输出正弦波、矩形波等信号，可以在计算机上装一个测试耳机的软件，如"乐味煲耳机"，软件的设置对话框如图 12-9 所示。设置我们所需要的信号波形，用立体声插头线引出信号接示波器的输入端即可测量。

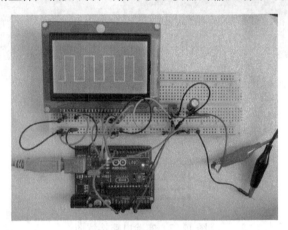

图 12-8　测量波形图

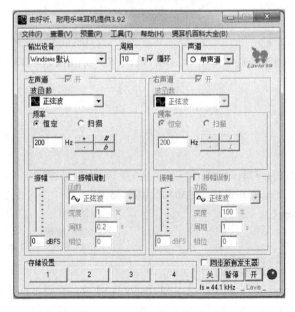

图 12-9　乐味煲耳机设置对话框

通过观察读者会发现：使用这段程序，示波器在显示波形时会在水平方向向左或向右飘移，不能稳定地"停留"。另外能测试的信号频率也比较低，下面我们通过对程序优化和完善来解决这些问题，并给示波器增加功能。

12.3.2　程序设计

上面的程序已经展示了示波器的基本功能，下面在此基础上完善程序设计。程序由数模转换、信号同步触发、频率和 V_{pp} 计算、波形及参数显示、键盘扫描程序等部分组成。程序总体流程图如图 12-10 所示。

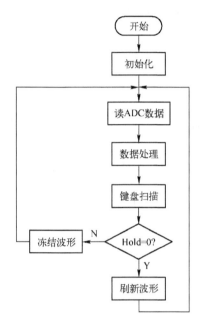

图 12-10　流程图

程序代码如下：

```
#include <U8glib.h>                        //U8g 库头文件
U8GLIB_ST7920_128X64_4X u8g(13,12,11);     //声明液晶屏  13 = SCLK, 12 = SID, 11 = CS
    int Input = A0;                        //输入引脚
    int Key_add = 8;                       //按钮引脚
    int Key_sub = 9;
    int Key_hold = 10;
    int x,y;                               //坐标
    int i,i1,i2,V_min,V_max,V_mid,t,t0,t1,sta,Key = 1,hold = 0;
    long Freq;
    float Vpp;
    int Y[96];                             //信号值储存数组
    int Buffer[192];
    //模数转换、取样
    void sample()
{   for(i = 0;i < 192;i ++)
    {
```

```
        Buffer[i] = ADCH;
        switch(Key)
          {
          case 1:
          break;
          case 2: delayMicroseconds(4);
          break;
          case 3: delayMicroseconds(10);
          break;
          case 4: delayMicroseconds(23);
          break;
          case 5: delayMicroseconds(60);
          break;
          case 6: delayMicroseconds(123);
          break;
          case 7: delayMicroseconds(248);
          break;
          case 8: delayMicroseconds(623);
          break;
          case 9: delayMicroseconds(1247);
          break;
          default:break;
          }
        }
}
//测量频率
void Measure()
{
  V_max = Buffer[0];
  V_min = Buffer[0];
  for(i = 0;i < 192;i ++ )
    {
      if(Buffer[i] > V_max)
      V_max = Buffer[i];
      if(Buffer[i] < V_min)
      V_min = Buffer[i];
    }
  V_mid = (V_max + V_min)/2;
  Vpp = (V_max - V_min) * 5.0/255;
  for(i = 0;i < 97;i ++ )
    {
      if(Buffer[i] < V_mid&&Buffer[i + 1] > = V_mid)
      {
```

```
        i1 = i;
        break;
      }
    }
  for( i = i1 + 1;i < 98 + i1;i ++ )
    {
      if( Buffer[ i ] < V_mid&&Buffer[ i + 1 ] > = V_mid)
      {
        i2 = i;
        break;
      }
    }
    t = i2 - i1;
    if( t > 0)
    Freq = 8000/t;
    else
    Freq = 0;
}
//映射转换
  void Transform( )
{
  for( sta = 0;sta < 96;sta ++ )
    {
      if( Buffer[ sta ] < 128&&Buffer[ sta + 2 ] > 128)
      break;
    }
    for( i = 0;i < 96;i ++ )
    Y[ i ] =   63 - ( Buffer[ i + sta ] > >2);
}
//显示波形、参数
void draw( )
{
for( x = 0;x < 95;x ++ )
    u8g. drawLine( x,Y[ x ],x,Y[ x + 1 ]);         //画线
u8g. drawFrame( 0,0,97,64);                      //画边框
u8g. drawLine( 48,0,48,63);                      //画坐标轴
u8g. drawLine( 0,32,96,32);
for( x = 0;x < 96;x + = 8)
    u8g. drawLine( x,31,x,33);
for( y = 0;y < 64;y + = 8)
    u8g. drawLine( 47,y,49,y);
for( x = 8;x < 96;x + = 8)                       //画网格
    {
```

```
        for(y = 8;y < 64;y + = 8)
        u8g. drawPixel(x,y);
    }
}
//显示参数
    u8g. drawStr(98,7,"MS/div");
    u8g. drawStr(98,23,"V/div");
    u8g. drawStr(98,30,"0.625");
    u8g. drawStr(98,40,"Vpp");
    u8g. setPrintPos( 98, 47);
    u8g. print(Vpp);
    u8g. drawStr(118,47,"V");
    u8g. drawStr(98,55,"F(Hz)");
    switch(Key)
    {
        case  1:
        u8g. drawStr(98,14,"0.02");
        u8g. setPrintPos( 98, 62);
        u8g. print(Freq * 50);
        break;
        case  2:
        u8g. drawStr(98,14,"0.05");
        u8g. setPrintPos( 98, 62);
        u8g. print(Freq * 20);
        break;
        case  3:
        u8g. drawStr(98,14," 0.1");
        u8g. setPrintPos( 98, 62);
        u8g. print(Freq * 10);
        break;
        case  4:
        u8g. drawStr(98,14," 0.2");
        u8g. setPrintPos( 98, 62);
        u8g. print(Freq * 5);
        break;
        case  5:
        u8g. drawStr(98,14," 0.5");
        u8g. setPrintPos( 98, 62);
        u8g. print(Freq * 2);
        break;
        case  6:
        u8g. drawStr(98,14,"  1");
        u8g. setPrintPos( 98, 62);
        u8g. print(Freq);
```

```
        break;
        case  7:
        u8g. drawStr(98,14," 2");
        u8g. setPrintPos( 98, 62);
        u8g. print(Freq/2);
        break;
        case  8:
        u8g. drawStr(98,14," 5");
        u8g. setPrintPos( 98, 62);
        u8g. print(Freq/5);
        break;
        case  9:
        u8g. drawStr(98,14," 10");
        u8g. setPrintPos( 98, 62);
        u8g. print(Freq/10);
        break;
      default:break;
    }
}


//键盘扫描
void Key_scan()
{
    if(digitalRead(Key_add) ==LOW)
    {
      while(digitalRead(Key_add) ==LOW);
      Key ++ ;
      if(Key ==10)
      Key =9;
      delay(10);
    }
    if(digitalRead(Key_sub) ==LOW)
    {
      while(digitalRead(Key_sub) ==LOW);
      Key -- ;
      if(Key ==0)
      Key =1;
      delay(10);
        }
        if(digitalRead(Key_hold) ==LOW)
    {
      while(digitalRead(Key_hold) ==LOW);
      hold = ~ hold;
```

```
        delay(10);
      }
  }

  void setup()
  {
    pinMode(Key_add,INPUT_PULLUP);
    pinMode(Key_sub,INPUT_PULLUP);
    pinMode(Key_hold,INPUT_PULLUP);
    ADMUX = 0x60;
    ADCSRA = 0xe2;
    u8g.setFont(u8g_font_5x7);
  }

  void loop()
  {
    sample();
    Measure();
    Transform();
    Key_scan();
    if(hold == 0)
    {
      u8g.firstPage();
      do
      {
        draw();
      }
      while( u8g.nextPage());
    }
  }
```

程序解读:

1. 数模转换

前面的程序中使用了 Arduino 的 analogRead()函数进行数模转换，经过测试发现用这个函数完成一次数模转换的时间约为 111 μs，对应采样率只有 9 kHz，这时只能测量频率小于 1.2 kHz 信号的波形，虽然使用 analogRead()函数使得采样的编程很方便，但不能根据我们的需要对单片机内部的相关寄存器进行设置，以提高模数转换速度。因此我们编程中放弃了使用 analogRead()函数，直接读取 ADC 的转换结果数据寄存器，并且只读取转换结果的高 8 位（实际显示只需要 6 位），同时降低 ADC 预分频系数提高采样时钟频率，选用连续转换模式，采取这些措施后明显提高了数模转换速度，最终达到了约 2.5 μs 完成一次转换，采样率达到了 400 kHz。在相邻两次采样之间加入延时函数，调节延时时间就可以改变水平扫描速度，以适合测量不同频率信号的波形。开关 S_1、S_2 用来调节水平扫描速度。

放弃使用 analogRead( )函数后，单片机相关寄存器的参数必须自己设置，这样做也便于自己进行选择，设置相关寄存器参数的程序如下：

ADMUX = 0x60;　　　　//ADC 参考源使用外部 V_{cc}，ADC 结果左对齐，数模转换输入端为 A0 口。

ADCSRA = 0xE2;　　　　//ADC 使能，ADC 开始转换，连续转换模式，ADC 时钟预分频系数选 4。

读取 ADC 转换结果的程序如下：

```
for( i = 0;i < 192;i ++ )
    {
        Buffer[i] = ADCH;　//将 ADC 转换结果高 8 位读入数组 Buffer[ ]
        ……
    }
```

ADC 的结果为 10 位二进制数，存在单片机的两个寄存器 ADCH 和 ADCL 中，当结果采用左对齐方式时，ADCH 存放高 8 位，ADCL 存放低 2 位；当结果采用右对齐方式时，ADCH 存放高 2 位，ADCL 存放低 8 位。两种对齐方式见表 12-2。这里采用左对齐，只需要读取高 8 位。

表 12-2　两种对齐方式

对齐方式	存储器	转 换 结 果							
右对齐	ADCH	–	–	–	–	–	–	ADC9	ADC8
	ADCL	ADC7	ADC6	ADC5	ADC4	ADC3	ADC2	ADC1	ADC0
左对齐	ADCH	ADC9	ADC8	ADC7	ADC6	ADC5	ADC4	ADC3	ADC2
	ADCL	ADC1	ADC0	–	–	–	–	–	–

波形测量显示区分辨率为 96×64，显示波形只需要取 96 个数就行了，为什么要取 192 个数呢？这是因在找信号同步触发点时前面就丢掉了一些数，所以采样时取 2 倍的数，真正使用时就只需要从同步触发点开始的 96 个数。

2. 信号同步触发

显示信号的波形实际上是不断刷新液晶屏重复显示的，如果相邻两幅波形的相位不同，则显示后图像就不会重叠，产生左右移动的现象。因此必须为显示波形找到共同的起始点才能显示稳定的图像，这一点称为扫描的触发点，这里采用上升沿触发，把信号由下到上经过横轴的第一个点作为触发点，找到这一点后就把从这点开始的 96 个数作为显示用纵坐标的值。

寻找触发点的程序如下：

```
for( sta = 0;sta < 96;sta ++ )
    {
        if( Buffer[sta] < 128&&Buffer[sta + 2] > 128)
        break;
    }
```

因为所取的 8 位 ADC 转换结果最大值为 256，所以中点值为 128，我们取中点作为触发点。找到满足条件的点后程序即退出循环，这时的 sta 就是数组中对应触发点的元素的下标。用下列程序将从这个点开始的 96 个数读入一个新数组，这 96 个数就是显示波形所需的数。

```
for(i = 0;i < 96;i ++)
    Y[i]  =  63 - (Buffer[i + sta] > >2);
```

Buffer[i + sta] >> 2 是将数左移 2 位，因为这里垂直分辨是 64，只需要 6 位二进制数，8 位左移两位就成了 6 位，相当于除以 4。

63 -（Buffer［i + sta］> >2 的作用是把液晶从上到下显示改为从下向上显示，因为我们需要纵坐标方向向上。这种算法和用 map(Buffer[i + sta]),0,256,63,0)的作用是一样的，但后者的速度要慢一点。

3. 频率和 Vpp 计算

频率测量没有采用计数的方法，因那样做电路就变得复杂了，这里采用了周期法测量频率，测量信号波形相邻两次自下而上穿越信号中点电压值的时间间隔，程序如下：

```
for(i = 0;i < 97;i ++)
    {
    if(Buffer[i] < V_mid&&Buffer[i + 1] > = V_mid)        //确定第一次穿越点
        {
        i1 = i;
        break;
        }
    }
for(i = i1 + 1;i < 98 + i1;i ++)
    {
    if(Buffer[i] < V_mid&&Buffer[i + 1] > = V_mid)        //确定第二次穿越点
        {
        i2 = i;
        break;
        }
    }
t = i2 - i1;
```

上面的 t 就是两次穿越的间隔，用这个参数和扫描速度就可以计算出输入信号的频率了。

计算 Vpp 值时先用冒泡法找到电压的最大值和最小值，就可以计算出 Vpp 了。程序如下：

```
V_max = Buffer[0];
V_min = Buffer[0];
for(i = 0;i < 192;i ++)
    {
```

```
        if( Buffer[ i ] > V_max)
        V_max = Buffer[ i ] ;
        if( Buffer[ i ] < V_min)
        V_min = Buffer[ i ] ;
    }
    Vpp = ( V_max − V_min) ∗ 5/255 ;
```

4. 波形及参数显示

Arduino 和液晶屏采用串行信号传递信息，只要用三根信号线相连即可，Arduino 向液晶屏传递信息的相关程序见源程序，这里只对声明液晶屏的程序作一下解释，程序如下：

```
    U8GLIB_ST7920_128X64_4X u8g(13, 12, 11);            //声明液晶屏 13 = SCLK, 12 = SID, 11
    = CS
```

上面语句中的 U8GLIB_ST7920_128X64_4X 是 U8glib 库中定义的一个类，其中 ST7920 是我们用的液晶屏对应的驱动芯片，128X64 是我们用的液晶屏的分辨率，这条语句也同时定义了一个对象 U8g，有了它我们才能使用库里面的函数。括号（13, 12, 11）的意思是 Arduino 的 13、12、11 引脚分别接液晶屏的 SCLK、SID、CS 引脚，要改接 Arduino 的其他引脚时只要修改括号里的参数就行了。

将程序编译下载到上面搭建的电路中，就能得到如图 12-11 所示的显示效果。

图 12-11　实验电路显示效果

12.4　安装调试与使用

12.4.1　装配

1. 焊接主电路板元器件

将主要元器件焊接在洞洞板上，3 个开关焊接在电路板反面。元件面如图 12-12 所示，焊接面如图 12-13 所示。

2. 焊接 LCD12864 接线板

用洞洞板做接线板，如图 12-14、图 12-15 所示。先将 LCD12864 焊上插针，再焊接在接线板上。

图 12-12 主电路板元件面

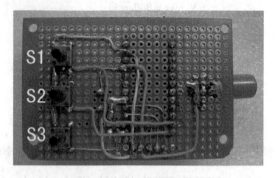

图 12-13 主电路板焊接面

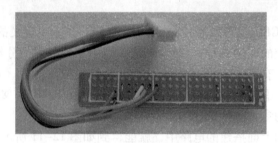

图 12-14 LCD12864 接线板正面

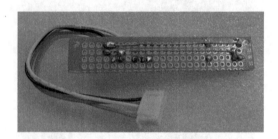

图 12-15 LCD12864 接线板反面

3. 制作机盒

机盒可以用有机玻璃制作，也可以找尺寸相近的塑料盒作机盒，在对应开关、电源开关、输入信号线的位置钻孔，如图 12-16 所示。为机盒设计一个面板，如图 12-17 所示，用打印机打印出来，安装时贴在机盒面板的内侧。

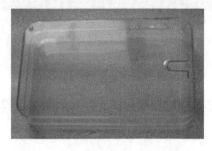

图 12-16 机盒

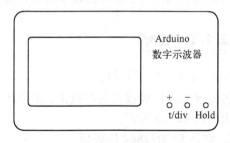

图 12-17 面板图

4. 总装

先将主电路板和 LCD12864 组装在一起，如图 12-18 所示。再将电路板装入机盒，装配图如图 12-19（背面）、图 12-20（侧面）所示。

图 12-18　装配图

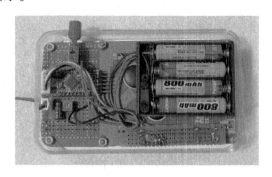

图 12-19　装配图背面

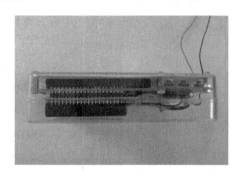

图 12-20　装配图侧面

12.4.2　调试与使用

用 USB 转串口模块将程序下载到 Arduino PRO mini 控制板中，下载程序时可不打开示波器的电源，由计算机的 USB 接口供电，如图 12-21 所示。

打开示波器的电源，一会儿读者就能看到如图 12-22 所示的开机画面了。

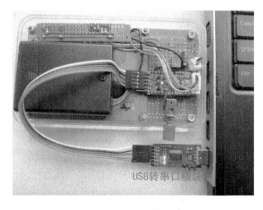

图 12-21　下载程序

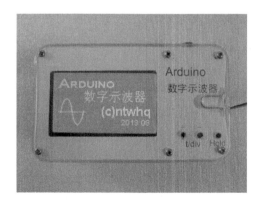

图 12-22　开机画面

示波器的调试很简单，主要是调试水平扫描线的位置，调试前水平扫描线可能不居中，如图 12-23 所示，调节 50 kΩ 电位器使水平扫描线居中与横轴重合，如图 12-24 所示。

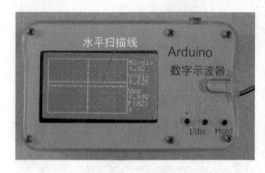

图 12-23　水平扫描线

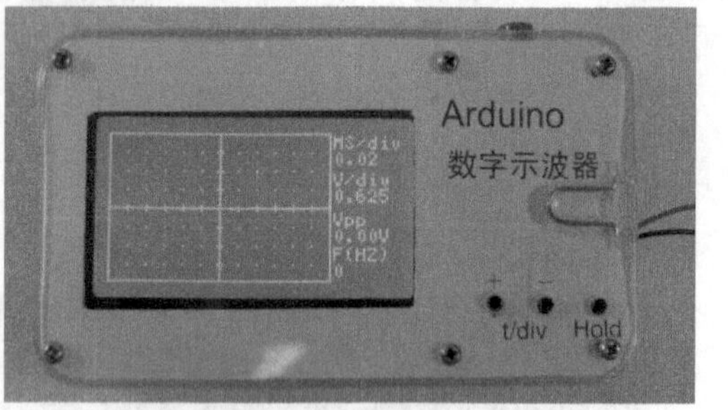

图 12-24　水平扫描线调节

接上信号发生器，根据输入信号的频率操作 S1、S2 选择适当的水平扫描速度读者就可能观察到信号波形了。测试正弦波如图 12-25 所示，测量方波如图 12-26 所示。

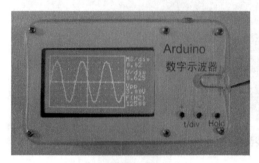

图 12-25　测试正弦波

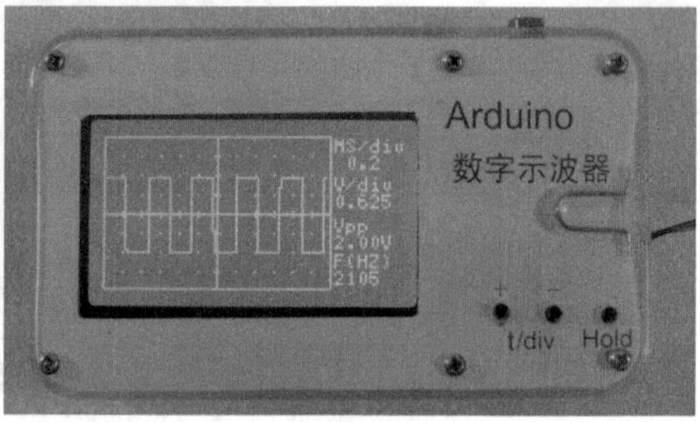

图 12-26　测量方波

按一下 Hold 键 S_3 可以冻结波形，再按一下 S_3 就能恢复正常显示。

本示波器只能测量小于 5 V 的信号，要扩大测量范围读者可以在信号输入端增加衰减器等电路。

第 13 章

运用物联网实现远程电源开关控制

　　许多电子爱好者做过无线电遥控装置，由于无线电遥控受发射功率的限制，遥控距离最远也就几百米。有时候我们希望在回家之前就把家里的一些电器打开，比如提前打开电热水器的电源，回家后就能洗上一个热水澡了。如果使用普通无线电遥控设备是无法实现的。现在，随着物联网技术的兴起与应用，这一愿望终于可以实现了，本章介绍的实例就是运用物联网做的远程遥控电源开关，可以用一块 Arduino 控制器实现独立控制两路电源开关。

　　要通过网络实现远程遥控，必需具备下面两个条件：1. 控制设备计算机或手机（主机）和被控制设备（从机）都连接网络；2. 有连接双方的通信平台，可借助于物联网服务平台实现。其具体工作过程是：我们先在物联网服务平台上注册一个帐号，添加设备并为设备添加传感器，再把设备传感器与你家里被控制的设备绑定，使用时只要用计算机或手机连接物联网服务平台，改变这个设备传感器的工作状态（比如开和关），家里的被控设备也不断访问物联网服务平台，查询其对应设备传感器的工作状态，并将自己调整为相同的工作状态，这样就实现了远程控制功能。从上面的过程中我们可以看出，我们并没有直接对被控制设备进行操作，而是借助物联网服务平台完成的，本章介绍的实例使用的物联网为 Yeelink 云平台，网址：www. yeelink. net。

　　Arduino IDE 自带了 Arduino Ethernet 类库，所以使用 Arduino 也可以接入互联网，完成各种网络项目制作。本章介绍的实例就是用 Arduino 加上 Ethernet 扩展板来实现的。

13.1　预备知识：Ethernet 扩展板

　　Arduino 要实现网络功能，就要接上一块 Ethernet 扩展板。Ethernet 扩展板上配有 WIZnet 公司的 W5100 网络芯片，如图 13-1 所示。该扩展板采用了可堆叠的设计，可直接插到 Arduino 上，同时其他扩展板也可以插在 Ethernet 扩展板上。扩展板上还集成了 SD 卡卡槽，配合 SD 卡类库可读写 SD 卡。

　　W5100 是一款多功能的单片网络接口芯片，如图 13-2 所示。该芯片内部集成有 10/100Mbit/s 以太网控制器，主要应用于高集成、高稳定、高性能和低成本的嵌入式系统中。使用 W5100 可以实现没有操作系统的 Internet 连接。W5100 与 IEEE802.3 10BASE - T 和802.3u100BASE - TX 兼容。

图 13-1　Ethernet 扩展板

图 13-2　W5100

使用 W5100 不需要考虑以太网的控制，只需要进行简单的端口编程。

W5100 具有以下特性：

1) 与 MCU 多种接口选择：直接并行总线接口、间接并行总线接口和 SPI 总线接口；

2) 支持硬件 TCP/IP 协议：TCP、UDP、ICMP、IGMP、IPv4、ARP、PPPoE、Ethernet；

3) 支持 ADSL 连接（支持 PPPOE 协议，带 PAP/CHAP 验证）；

4) 支持 4 个独立的端口（sockets）同时连接；

5) 内部 16 KB 存储器作 TX/RX 缓存；

6) 内嵌 10BaseT/100BaseTX 以太网物理层；

7) 支持自动应答（全双工/半双工模式）；

8) 支持自动极性变换（MDI/MDIX）；

9) 多种指示灯输出（Tx、Rx、Full/Duplex、Collision、Link、Speed）；

10) 0. 18 μm CMOS 工艺；

11) 3.3 V 工作电压，I/O 口可承受 5 V 电压。

Ethernet 扩展板和 Arduino 之间采用 SPI 总线进行通信。当使用以 ATmega328 为主控芯片的 Arduino 控制器（如 Arduino UNO）时，占用引脚 13（SCK）、12（MISO）、11（MOSI）、10（W5100 SS）、4（SD 卡 SS）实现网络通信及 SD 卡读写。W5100 和 SD 卡通过不同的 SS 引脚使用。连接时 Ethernet 扩展板插接在 Arduino 上方，如图 13-3 所示。

Ethernet 扩展板上有 8 个 LED 指示灯，通过它们可以判断扩展板的工作状态。

各指示灯的作用如下：

1) PWR：电源接通指示；

2) LINK：网络连接状态指示，连接后点亮，发送和接收数据时会闪烁；

3) RX：网络接收数据时闪烁；

4) TX：网络发送数据时闪烁；

5) 100M：当网络连接为 100 Mbit/s 时点亮；

6) FULLD：网络连接是全双通信时点亮；

图 13-3　Ethernet 扩展板连接方式

7）COLL：网络检测到冲突时闪烁；

8）L：可编程指示灯。

13.2　硬件电路

13.2.1　元器件清单

元器件清单见表 13-1。

表 13-1　元器件清单

序　号	名　　称	标　　号	规 格 型 号	数　量
1	Arduino 控制器		Arduino UNO	1
2	网络扩展板		Arduino Ethernet W5100	1
3	电阻	R_1、R_2	1.2 kΩ 1/4 W	2
4	晶体管	VT_1、VT_2	9013	2
5	LED	LED_1、LED_2	红色 φ3	2
6	继电器	K_1、K_2	DC 5V　AC 250V 10A	2
7	接线端子		2p	2
8	PCB		60 × 75 mm	1
9	电源		DC 5 V，可用手机充电器	1

13.2.2　电路工作原理

电路图如图 13-4 所示。

Arduino Ethernet W5100 网络扩展板和 Arduino UNO 之间采用 SPI 总线进行通信。Arduino UNO 通过 W5100 网络扩展板和 Yeelink 的服务平台通信，我们可以通过手机或计算机访问服务平台，从而实现对 Arduino UNO 相关的控制和数据传输。

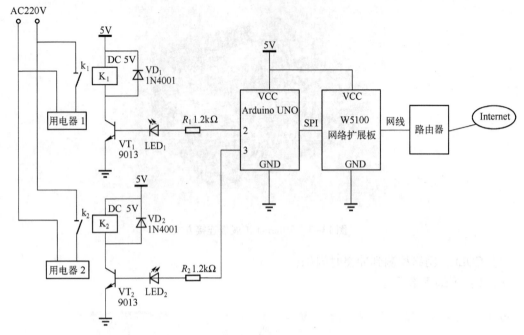

图 13-4　电路图

电路可以控制两路电源的开关，以第一路为例，Arduino UNO 通过 2 号数字引脚控制继电器 K_1 的动作，VT_1 是推动晶体管。2 脚的输出状态由 Yeelink 云平台注册设备的状态控制，而注册设备的状态是受手机 APP 或计算机客户端控制的，从而实现了远程对继电器状态的控制。继电器 K_1 的触点 k_1 控制用电器的开关。

13.3　程序设计

程序由网络扩展板初始化、网络连接、数据传递、串口监控等部分组成。为了实现网络功能，程序需要使用 Ethernet 类库。

13.3.1　Ethernet 类库

Ethernet 类库中定义了多个类，各个类都有自己的成员函数。

1. Ethernet 类

Ethernet 类主要用于以太网的初始化和进行相关的网络配置，主要成员函数如下。

（1）Ethernet. begin（）

功能：初始化以太网库并进行网络设置。1.0 版本的库支持 DHCP，当只设置 MAC 地址时设备会自动获得 IP 地址。

语法：

```
Ethernet. begin(mac);
Ethernet. begin(mac, ip);
Ethernet. begin(mac, ip, dns);
```

```
Ethernet. begin(mac, ip, dns, gateway);
Ethernet. begin(mac, ip, dns, gateway, subnet);
```

参数:

mac: 本设备 MAC 地址。

ip: 本设备 IP 地址 (4 B 数组), 可选。

dns: DNS 服务器地址 (4 B 数组), 可选。

gateway: 网络网关的地址 (4 B 数组), 可选。

subnet: 网络的子网掩码 (4 B 数组), 可选, 默认为 255.255.255.0。

返回值: DHCP 版本以太网 (MAC) 功能。返回一个 int 类型:

1: 一个成功的 DHCP 连接;

0: 失败。

如果指定了 IP 地址, 则不返回任何值。

例:

```
#include < SPI. h >
#include < Ethernet. h >
byte mac[] = {0xDE, 0xAD, 0xBE, 0xEF, 0xFE, 0xED};
byte ip[] = {10.0.0.177};

void setup()
{
   Ethernet. begin(mac, ip);
}

void loop() {}
```

(2) Ethernet. localIP()

功能: 获取通过 DHCP 自动分配的 IP 地址。

语法: Ethernet. localIP()

参数: 无。

返回值: IP 地址。

例:

```
#include < SPI. h >
#include < Ethernet. h >
byte mac[] = { 0x00, 0xAA, 0xBB, 0xCC, 0xDE, 0x02 };
EthernetClient client;

void setup()
{
   Serial. begin(9600);
   Ethernet. begin(mac);   }
```

```
        Serial. println( Ethernet. localIP( ) ) ;              //串口监视窗口显示 IP 地址
    }

    void loop( ) { }
```

（3）Ethernet. maintain( )

功能：更新 DHCP 租约（获取以太网屏蔽的 IP 地址。可用的地址是通过 DHCP 自动分配的）。

语法：Ethernet. maintain( )

参数：无。

返回值：

byte：

0：没有发生；

1：恢复失败；

2：恢复成功；

3：重捆失败；

4：重捆成功。

2. IPAddress 类

IPAddress 类只有一个构造函数，用于本地和远程 IP 地址设置。

```
    IPAddress( )
```

功能：定义一个地址，它可以用来声明本地和远程地址。

语法：IPAddress ip(address)。

参数：

ip：用户自定义的一个存储 IP 地址的对象，也可以是 DNS 服务器地址，网关 IP 地址，子网掩码。

address：一个点号分隔的列表表示地址（4 B，如 192，168，1，1）。

返回值：无。

例：

```
    #include < SPI. h >
    #include < Ethernet. h >
    byte mac[ ] = { 0xDE, 0xAD, 0xBE, 0xEF, 0xFE, 0xED } ;
    IPAddress dnServer( 192. 168. 0. 1 ) ;
    IPAddress gateway( 192. 168. 0. 1 ) ;
    IPAddress subnet( 255. 255. 255. 0 ) ;
    IPAddress ip( 192. 168. 0. 2 ) ;

    void setup( )
    {
        Ethernet. begin( mac, ip, dnServer, gateway, subnet ) ;
    }
```

void loop( ) { }

3. EthernetServer 类

EthernetServer 类可以创建一个服务器对象，可以将数据发送到客户端并接收来自连接客户端的数据。

服务器是所有基于以太网服务器呼叫的基础类。它不能直接调用，但是在使用一个依赖于它的函数时会调用它。

（1）EthernetServer( )

功能：在指定的端口上侦听传入连接的服务器。

语法：EthernetServer server（port）。

参数：

server：用户自定义的一个 EthernetServer 类的对象。

port：要侦听的端口（int）。

（2）begin( )

功能：告诉服务器开始侦听传入的连接。

语法：server. begin( )。

参数：

server：一个 EthernetServer 类的对象。

返回值：无。

（3）available( )

功能：获取一个连接到服务器并且可读取数据的客户端对象。

语法：server. available( )。

参数：

server：一个 EthernetServer 类的对象。

返回值：一个客户端对象。

（4）write( )

功能：将数据写入所有连接到服务器的客户端，此数据被发送为字节或字节序列。

语法：

```
server. write(val);
server. write(buf,len)
```

参数：

server：一个 EthernetServer 类的对象；

val：要发送的一个字节（字节或字符）的值；

buf：定义数组发送一系列字节（字节或字符）；

len：缓冲区的长度。

返回值：发送的字节数，读取为可选。

（5）print( )

功能：发送数据到所有连接到服务器的客户端。发送的数作为一个数字序列，以 ASCII 码的形式发送（例如 123 发送三字符 "1"，"2"，"3"）。

语法：

> server. print(data) ;
>
> server. print(data, BASE)

参数：

server：一个 EthernetServer 类的对象。

data：要发送的数据（char，byte，int，long，或 string）。

BASE（可选）：发送数进制编号。BIN 二进制（BASE 为 2）、DEC 十进制（BASE 为 10）、OCT 八进制（BASE 为 8）、HEX 十六进制（BASE 为 16）。

返回值：发送的字节数，读取为可选。

（6）println()

功能：向所有连接到服务器的客户端发送数据，后跟一个换行符。发送的数作为一个数字序列，以 ASCII 码的形式发送（例如 123 发送三字符"1"，"2"，"3"）。

语法：

> server. println( ) ;
>
> server. println(data) ;
>
> server. println(data, BASE)

参数：

server：一个 EthernetServer 类的对象。

data（可选）：要发送的数据（char，byte，int，long，或 string）。

BASE（可选）：发送数进制编号。BIN 二进制（BASE 为 2）、DEC 十进制（BASE 为 10）、OCT 八进制（BASE 为 8）、HEX 十六进制（BASE 为 16）。

返回值：发送的字节数，读取为可选。

4. EthernetClient 类

EthernetClient 类可以创建一个可连接服务器并发送和接收数据的客户端。

（1）EthernetClient()

功能：创建一个客户端可以连接到指定的网络 IP 地址和端口，网络 IP 地址和端口由函数 connect()定义。

语法：

> EthernetClient client

参数：

client：一个 EthernetServer 类的对象。

（2）connected()

功能：检查客户机是否已经连接。需要注意的是，如果连接已关闭，但仍有未读的数据，客户端将被视为连接。

语法：

```
client. connected( )
```

参数：

client：一个 EthernetServer 类的对象。

返回值：Boolean 型值。true：客户端已经连接；false：客户端没有连接。

（3）connect( )

功能：连接到指定的 IP 地址和端口。

语法：

```
client. connect( );
client. connect( ip,port);
client. connect( URL,port)
```

参数：

client：一个 EthernetServer 类的对象。

ip：客户端要连接的 IP 地址（4 个字节数组）。

URL：客户端要连接的域名（string，例如 "Arduino. cc"）

port：客户端要连接的端口（int）。

返回值：Boolean 型值。true：客户端连接成功；false：客户端连接失败。

（4）write( )

功能：发送数据到已连接的服务器，此数据被发送为 byte 或 char 类型。

语法：

```
client. write( val);
client. write( buf,len)
```

参数：

client：一个 EthernetServer 类的对象。

val：要发送的一个字节（byte 或 char）的值。

buf：定义数组发送一系列字节（byte 或 char）。

len：发送的字节数（缓冲区的长度）。

返回值：发送的字节数，读取为可选。

（5）print( )

功能：数据发送到已连接到的服务器上。发送的数据以 ASCII 码的形式一个一个地发送（例如 123 发送三字符 "1"，"2"，"3"）。

语法：

```
client. print( data);
client. print( data,BASE)
```

参数：

client：一个 EthernetServer 类的对象。

data：要发送的数据（char，byte，int，long，或 string）。

BASE（可选）：发送数进制编号。BIN 二进制（BASE 为 2）、DEC 十进制（BASE 为 10）、OCT 八进制（BASE 为 8）、HEX 十六进制（BASE 为 16）。

返回值：

发送的字节数，读取为可选。

（6）println()

功能：数据发送到已连接到的服务器上，后跟一个换行符。发送的数作为一个数字序列，以 ASCII 码的形式发送（例如 123 发送三字符"1"，"2"，"3"）。

语法：

```
client. println();
client. println(data);
client. print(data,BASE)
```

参数：

client：一个 EthernetServer 类的对象。

data（可选）：要发送的数据（char，byte，int，long，或 string）。

BASE（可选）：发送数进制编号。BIN 二进制（BASE 为 2）、DEC 十进制（BASE 为 10）、OCT 八进制（BASE 为 8）、HEX 十六进制（BASE 为 16）。

返回值：发送的字节数，读取为可选。

（7）available()

功能：返回可供读取的字节数，可读数据为连接到的服务器端发送的数据。

语法：

```
client. available()
```

参数：

client：一个 EthernetServer 类的对象。

返回值：可读取的字节数。

（8）read()

功能：从客户端连接到的服务器读取数据。

语法：

```
client. read()
```

参数：

client：一个 EthernetServer 类的对象。

返回值：一个字节的数据，如果没有可读数据，则返回 -1。

（9）flush()

功能：清除已写入客户端但尚未读取的字节。

语法：

client. flush( )

参数：

client：一个 EthernetServer 类的对象。

返回值：无。

（10）　stop( )

功能：和服务器断开连接。

语法：

client. stop( )

参数：

client：一个 EthernetServer 类的对象。

返回值：无。

（11）　if（EthernetClient）

功能：检查指定的客户端是否处于可用状态。

语法：

if(client)

参数：

client：一个 EthernetServer 类的对象。

返回值：Boolean 型值。true：客户端可用；false：客户端不可用。

例如：

检查有无可读的数据：

if(client. available( )) {…}

检查客户端是否已经连接：

if(client. connected( )) {…}

13. 3. 2　程序设计

程序代码如下：

```
#include < SPI. h >
#include < Ethernet. h >
//forYeelink api
#define APIKEY    "ab2f4a4397e4a5adc2e0c8xxxxxxxxxx"//此处替换为用户自己的 API KEY
const unsigned long   DEVICEID = 339940//此处替换为用户的设备 ID
const unsigned long   SENSORID[ ] = {376407,381557};//此处替换为用户的两个开关型传感器 ID
int n;
byte pin[ ] = {2,3};//使用数字引脚 2、3 作控制输出
byte mac[ ] = {0x00,0x1D,0x72,0x82,0x35,0x9D};//为以太网控制器设置一个 MAC 地址
```

```
EthernetClient client;
char server[] = "api. yeelink. net";        //Yeelink API 地址
unsigned long lastConnectionTime = 0;    //最后一次连接到服务器的时间,以毫秒为单位
boolean lastConnected = false;            //上一次连接的状态
const unsigned long postingInterval = 3 * 1000;//数据传输的间隔为 3 s
String returnValue = "";
boolean ResponseBegin = false;

void setup()
{
   pinMode(2,OUTPUT);
pinMode(3,OUTPUT);
//使用 DHCP 开始以太网连接:
   Ethernet. begin(mac);
}


void loop()
{
//读取从网络连接传入的数据:
   if( client. available())
{
     char c = client. read();
if(c == '{')
ResponseBegin = true;
else if( c == '}')
ResponseBegin = false;
if( ResponseBegin)
returnValue + = c;
   }
   if( returnValue. length()!  = 0 &&( ResponseBegin == false))
   {
//根据读取的传感器数据,确定引脚 2 的输出状态:
     if( returnValue. charAt( returnValue. length() -1) == '1')
digitalWrite( pin[ n],HIGH);
   else if( returnValue. charAt( returnValue. length() -1) == '0')
       digitalWrite( pin[ n],LOW);
   returnValue = "";
   n ++;
   if( n >1)//保证 n 在 0 和 1 中取值
     n = 0;
   }
//如果没有网络连接,且没有通过最后一次循环,则停止客户端:
   if(! client. connected() && lastConnected)
     client. stop();
//如果没有连接,并且距上一次的连接已超过了间隔时间,则重新连接并发送数据:
```

```
    if( ! client. connected( )&&( millis( ) – lastConnectionTime > postingInterval) )
      getData( );
    lastConnected = client. connected( );//存储连接的状态,用于下一次循环
  }

  //通过 HTTP 连接到服务器,替换用户的设备和传感器编码:
  void getData( void)
  {
    //如果有一个成功的连接:
    if( client. connect( server,80) )
    {
    //发送 HTTP GET 请求:
      client. print( "GET/v1. 0/device/") ;
      client. print( DEVICEID) ;//发送设备 ID
      client. print( "/sensor/") ;
      client. print( SENSORID[ n]) ;//发送传感器 ID
      client. print( "/datapoints") ;
      client. println( "HTTP/1. 1") ;
      client. println( "Host:api. yeelink. net") ;
      client. print( "Accept: * ") ;
      client. print( "/") ;
      client. println( " * ") ;
      client. print( "U – ApiKey:") ;
      client. println( APIKEY) ;
      client. println( "Content – Length:0") ;
      client. println( "Connection:close") ;
      client. println( ) ;
    }
  //如果连接失败:
    else
      client. stop( ) ;
    lastConnectionTime = millis( );//该连接已提出或尝试的时间
  }
```

程序解读:

程序中已经对关键语句做了注解,程序的主要功能实际是 Yeelink 对 Arduino 的反向控制,反向控制的过程是由控制部分(手机或 Web)发送 HTTP POST 命令,从而使得 Yeelink 上对应传感器的当前值发生相应变化(0 代表关,1 代表开)。而在被控的 Arduino 上定期发送 HTTP GET 数据包给 Yeelink,根据 HTTP 的返回值解析返回数据中的当前传感器的值,通过判断开关状态决定输出引脚 2 上的输出电平高低,从而实现远程控制。

由于要求设置两路电源开关,因此设置了 1 个设备,在这个设置下设置了两个开关型传感器,程序中传感器和对应控制引脚的设置都是通过数组实现的,对应的数组分别为 SEN-SORID [ ] 和 pin [ ],通过变量 n 进行选择。用这种方法可以实现两路以上的电源开关控制。

13.4 安装调试与使用

13.4.1 注册并配置 Yeelink 用户

首先要在 Yeelink 网站注册并激活帐号，详细过程见 Yeelink 网站教程。

登录后进入用户中心，进行以下设置：

1. 添加新设备，并对设备进行设置，设置时先单击如图 13-5 所示"添加新设备"图标、然后设置参数，如图 13-6 所示。设置好以后就可以在"我的设备中"看到刚才设置的设备"电源开关"，如图 13-7 所示，图中设备的 ID 为 339940。

2. 为设备添加传感器，并对传感器进行设置。单击设备"电源开关"图标，出现如图 13-8 所示的对话框，单击"添加传感器"图标，添加一个开关型的传感器，然后设置传感器参数，如图 13-9 所示。设置好设备并为设备设置传感器后如图 13-10 所示，图中对应的传感器 ID 为 376407。

图 13-5 添加新设备

图 13-6 设置设备参数

图 13-7 设置好的设备

图 13-8 添加传感器

图 13-9　设置传感器参数

图 13-10　设置好传感器的设备

一个设备可以设置多个传感器。用上述方法设置两个开关型传感器"开关 1"和"开关 2"。

13.4.2　电路板装配

首先为电路板设计了一个 PCB 设计图，如图 13-11 所示。用热转印的方法制成 PCB，安装元器件，并按图中的位置焊接好两排插针。安装好的电路板如图 13-12 所示。焊接面如图 13-13 所示。将电路板插在 W5100 网络扩展板上，插入位置状态如图 13-14 所示。

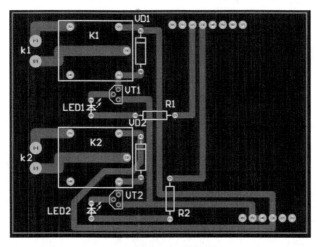

图 13-11　PCB 设计图

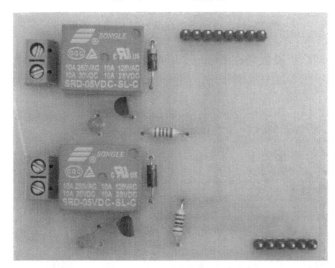

图 13-12　电路板元件面

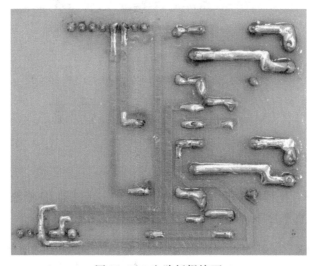

图 13-13　电路板焊接面

图 13-14　电路板插在 W5100 网络扩展板上

最后将 W5100 网络扩展板插在 Arduino UNO 开发板上，如图 13-15 所示。

图 13-15　总装图

13.4.3　下载程序

打开程序代码 13，把程序中的 API KEY、设备 ID、传感器 ID 修改成用户自己在 Yeelink 平台上对应的编号，即程序下面三行要进行修改：

```
#define APIKEY    "ab2f4a4397e4a5adc2e0c8xxxxxxxxxx"//此处替换为用户自己的 API KEY
const unsigned long    DEVICEID = 339940//此处替换为用户的设备 ID
```

const unsigned long　SENSORID[] = {376407,381557};//此处替换为用户的两个开关型传感器 ID

修改 API KEY，到"用户中心"即可查看到 API KEY，如图 13-16 所示。

 管理首页
快速查看和管理

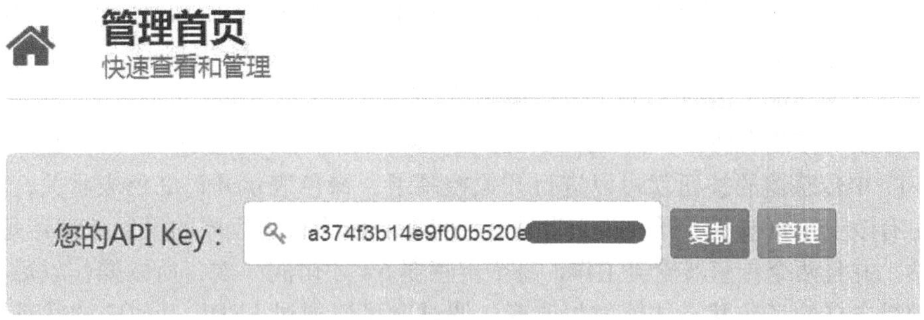

您的API Key：　🔍　a374f3b14e9f00b520e▄▄▄▄▄▄▄▄▄　复制　管理

图 13-16　查看 API KEY

修改设备 ID 和传感器 ID，在"用户中心"可查看到设备 ID，单击相应设备可查看到该设备下的传感器 ID。

程序中语句：

const unsigned long postingInterval = 5 * 1000;//数据传输的间隔为 5 s

是设置设备访问网站的时间间隔的，不能设置得太短，否则容易死机，也不要设置得太长，以免更新速度过慢，因为这里控制方式采用的是查询的方式，控制开关的状态是在设备访问网站时才同步更新，如果时间设置长了，会在用户发出指令后延迟比较长的时间开关才动作。

程序中网络配置设置成自动获得 IP 地址，你的路由器中 DHCP 服务必须启用。如果所处在网络环境不能自动获得 IP 地址，就要在程序中调置固定 IP 地址、DNS、网关等，遇到这种情况可在程序中

byte mac[] = {0x00,0x1D,0x72,0x82,0x35,0x9D};

语句下面增加下列语句：

IPAddress ip(192.168.1.15);　　　//设置 IP 地址
IPAddressdnServer(61.147.37.1);　　//设置 DNS
IPAddress gateway(192.168.1.1);　　//设置网关
IPAddress subnet(255.255.255.0);　//设置子网掩码

并把程序中的

Ethernet.begin(mac);

改为

Ethernet.begin(mac,ip,dnServer,gateway,subnet);

上述语句中的相关参数应根据用户的网络环境进行设置。
参数设置好以后即可下载程序。

13.4.4 调试与使用

接通 Arduino UNO 的电源，插上网线，这时 W5100 网络扩展板上的 LINK、100M、FULLD 3 个绿色指示灯均点亮，网络插座的绿灯也点亮，说明网线接通了。如果这些指示灯不亮，按一下 W5100 网络扩展板上复位键再试。

远程控制的方式有两种，一种方式是登录 yeelink 网站，到"用户中心→电源开关"，单击图 13-17 中传感器的按钮就可以进行开关控制了，绿色表示开，红色表示关，同时按钮的位置也有改变，每按一下开关改变为另一种状态。因为根据程序的设置控制器每 3 s 访问一次网站，并且两个传感器轮流工作，每个传感器 6 s 才访问一次，所以操作以后有时候要过几秒钟继电器的工作状态才能发生改变。调试时可以通过 LED1、LED2 的状态来判断继电器是处于吸合还是释放状态，同时也能听到继电器动作的声音。单击网页上的按钮，如果电路板上继电器的工作状态也能发生相应的变化，控制电路的功能就正常了。

图 13-17　在网页上控制

另一种方式也是常用的方式是用手机控制，手机上要先安装 yeelink 移动客户端，下载地址：http://www.yeelink.net/developer/tools，在本书配套光盘里有 Android 版的移动客户端。

安装好手机客户端后会在桌面上出现一快捷图标，如图 13-18 所示。打开客户端登录，单击"我的 Yeelink"，单击设备（电源开关），即可看到传感器（开关 1 和开关 2），如图 13-19 所示，单击按钮即可控制开关了。

图 13-18　手机快捷方式	图 13-19　手机控制窗口

　　正式使用时继电器的开关触点串联在电器负载电路中，图 13-20 所示是用一路继电器控制台灯的接线图，图中加了一个插座接台灯。因为继电器的开关触点是带电的，所以在实际过程中切记把整个控制电路装在一个绝缘盒内，以免发生触电危险。

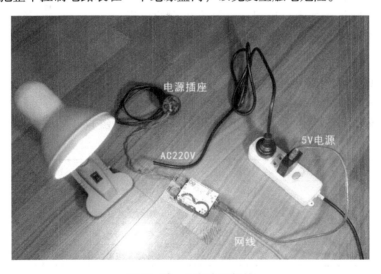

图 13-20　控制台灯开关

第 14 章

运用物联网实现远程温湿度监测

　　智能家居是近期比较热门的话题之一，上一章介绍的远程遥控电源开关就是智能家居的一个实例，本章将继续介绍与智能家居中的环境监测相关一个实例：运用物联网实现远程温度、湿度监测，即在任何地方都可以通过手机或计算机 Web 监测家居的温度和湿度。用同样的方法我们也可以监测其他的环境指标。

14.1　预备知识：DHT11 数字温湿度传感器

　　要测量温湿度，必须使用传感器，本章使用 DHT11 数字温湿度传感器，用一个传感器解决了两个参数的测量。

　　DHT11 数字温湿度传感器是一款含有已校准数字信号输出的温湿度复合传感器，它应用了专用的数字模块采集技术和温湿度传感技术，确保产品具有极高的可靠性和长期的稳定性。传感器包括一个电阻式感湿元件和一个 NTC 测温元件，并与一个高性能 8 位单片机相连接。每个 DHT11 传感器在出厂前都进行了校准。DHT11采用单总线通信，信号传输距离可达 20 m 以上。产品为 4针单排引脚封装，如图 14-1 所示。各引脚功能见表 14-1。

图 14-1　DHT11 数字温湿度传感器

表 14-1　DHT11 引脚功能

引　　脚	名　　称	注　　释
1	VDD	供电 DC3 ~ 5.5 V
2	DATA	串行数据，单总线
3	NC	空脚，请悬空
4	GND	接地，电源负极

技术参数

供电电压：DC3.3 ~ 5.5 V。

工作电流：待机：100 ~ 150 μA；测量：0.5 ~ 2.5 mA。

输出：单总线数字信号。

测量范围：湿度 20 ~ 90% RH，温度 0 ~ 50℃。

测量精度：湿度 ±5% RH，温度 ±2℃。

分辨率：湿度 1% RH，温度 1℃。

互换性：可完全互换。

长期稳定性：< ±1% RH/年。

DHT11 典型接线如图 14-2 所示。

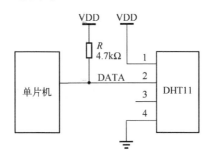

图 14-2　DHT11 典型接线图

引脚 DATA 用于 Arduino 与 DHT11 之间的通信和同步，采用单总线数据格式，一次通信时间为 4 ms 左右，数据分小数部分和整数部分，当前小数部分用于以后扩展，现读出为零。操作流程如下：

一次完整的数据传输为 40 bit，高位先出。

数据格式：

8 bit 湿度整数数据 + 8 bit 湿度小数数据；

+ 8bi 温度整数数据 + 8 bit 温度小数数据；

+ 8bit 校验和数据传送正确时校验和数据等于"8 bit 湿度整数数据 + 8 bit 湿度小数数据 + 8 bit 温度整数数据 + 8 bit 温度小数数据"所得结果的末 8 位。

在 Arduino 发送一次开始信号后，DHT11 从低功耗模式转换到高速模式，等待主机开始信号结束后，DHT11 发送响应信号，送出 40 bit 的数据，并触发一次温湿度采集，如果没有接收到主机发送开始信号，DHT11 不会主动进行温湿度采集。采集数据后转换到低功耗模式。

14.2　硬件电路

运用物联网实现远程温湿度监测的电路如图 14-3 所示。

这个电路很简单，除了 Arduino UNO 和 Arduino Ethernet W5100 扩展板外就只有 DHT11 一个元件。

Arduino UNO 数字引脚 2 是和 DHT11 2 脚通信的接口中，负责发送指令和接收测量参数。测量的数据由 Arduino UNO 通过 SPI 总线接口传递给 Arduino Ethernet W5100 网络扩展

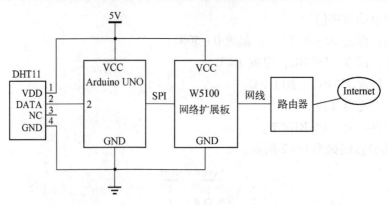

图 14-3　电路图

板，再由网络扩展板发送到 Yeelink 云平台，这样我们可以通过手机 APP 或计算机 Web 看到温湿度参数了。

14.3　程序设计

程序由网络扩展板初始化、网络连接、温湿度数据采集、数据传递、串口监控等部分组成。程序要使用到 Ethernet 类库和 DHT11 类库。

14.3.1　DHT11 类库

DHT11 类库是第三方类库，编译前要先将库文件复制到 Arduino 软件安装目录的 libraries 文件夹中。

1. 成员函数

DHT11 类库只有一个成员函数 read()，在使用成员函数前要先定义一个对象，比如取名为 DHT11，对应语句为

dh11DHT11；

read()函数介绍：

功能：读取温度和湿度测量值。

语法：

DHT11. read(dht11Pin)

参数：

DHT11：由 dh11 定义的一个对象。

dht11Pin：DHT11 传感器 DATA 引脚所接的 Arduino 引脚编号。

2. 公共变量

我们把类库中能被外部访问的成员变量称为公共变量，DHT11 类库有两个公共变量：记录温度的变量 temperature 和记录湿度的变量 humidity，在调用 read()函数后这两个变量就存入了测量值。在程序中使用这两个变量不能直接调用，要在前面加上对象名 DHT11，即

程序中使用这两个变量的格式分别为

DHT11. temperature

DHT11. Humidity

14.3.2　程序设计

程序代码如下：

```
//库的初始化,包含程序所需要的库
#include < SPI. h >
#include < Ethernet. h >
#include < dht11. h >
#define dht11Pin 2    //DHT11 的 DATA pin 连到 arduino Pin 2
#define APIKEY    "7bc6a24399a6c7bcc2c098xxxxxxxxxx"//替换您的 Yeelink API key
longint DEVICEID = 6548;//替换用户的设备 ID
longint SENSORID;//传感器 ID
int flag = 1;
int sensorReading;
byte mac[ ] = {0x00,0x1D,0x72,0x82,0x35,0x9D};
EthernetClient client;
char server[ ] = "api. yeelink. net";//yeelink API 的域名
unsigned long lastConnectionTime = 0;//上次连接到服务器的时间,单位 ms
boolean lastConnected = false;//上次连接状态
unsigned long postingInterval = 10 * 1000;//默认发送间隔设置为 10 s,可根据需要更改
dht11 DHT11;//定义一个对象 DHT11
void setup( )
{
if( Ethernet. begin( mac );
}
void loop( )
{
//判断是否有网络数据的传入
if( client. available( ) )
client. read( );
//如果没有网络连接,且没有通过最后一次循环,则停止客户端运行:
if( ! client. connected( ) && lastConnected)
client. stop( );
//如果没有连接,但是从上次连接到现在经过 10 s 时,则重新连接并且发送数据
if( ! client. connected( ) && ( millis( ) – lastConnectionTime > postingInterval) )
        {
            DHT11. read( dht11Pin);   //读取传感器 DHT11 的数据
if( flag)
        {
            SENSORID = 10135;   //替换用户的温度传感器 ID
            sensorReading = DHT11. temperature;//读取温度值
```

```
        flag = 0;
      }
      else
      {
              SENSORID = 10136;    //替换用户的湿度传感器 ID
              sensorReading = DHT11. humidity;   //读取湿度值
        flag = 1;
        }
sendData(sensorReading);//调用 sendData 函数将数据发送到 Yeelink 平台
      }
      //存储连接状态,为下次通过 loop 函数
      lastConnected = client. connected( );
}

//sendData 函数实现了一个到服务器的 HTTP 连接
void sendData( intdata)
{
if( client. connect( server,80 ))//如果连接成功
{
//发送 HTTP POST 请求
client. print( "POST/v1. 0/device/" );
client. print( DEVICEID);
client. print( "/sensor/" );
client. print( SENSORID);
client. print( "/datapoints" );
client. println( "HTTP/1. 1" );
client. println( "Host:api. yeelink. net" );
client. print( "Accept:* " );
client. print( "/" );
client. println( " * " );
client. print( "U – ApiKey:" );
client. println( APIKEY);
client. print( "Content – Length:" );
//计算传感器数据长度
int thisLength = 10 + getLength( data);
client. println( thisLength);
client. println( "Content – Type:application/x – www – form – urlencoded" );
client. println( "Connection:close" );
client. println( );
//POST 请求的内容
client. print( "{ \"value\":" );
client. print( data);
client. println( "}" );
}
//如果无法建立连接
```

```
else
client. stop( ) ;
lastConnectionTime = millis( ) ;//标记已经进行连接或尝试连接的时间
}

//getLength 函数是用来计算传感器读数的数字位数
int getLength( int someValue)
{
int digits = 1 ;
int dividend = someValue/10 ;
while( dividend > 0)
{
dividend = dividend/10 ;
digits ++ ;
}
return digits ;
}
```

程序解读：

程序使用了 Yeelink 的一个设备，两个传感器，程序传感器的 ID 号要根据要传递的参数来决定，因此程序采用了轮流发送两个参数的方式，具体做法是用一个变量为标志，这个变量轮流取 0 和 1，根据这个变量的值确定传递哪一个参数，并确定相应的传感器，这段代码为

```
if( flag)
  {
    SENSORID = 10135 ;
    sensorReading = DHT11. temperature；　//读取温度值
    flag = 0 ;
  }
else
{
  SENSORID = 10136 ;
  sensorReading = DHT11. humidity；　　//读取湿度值
  flag = 1 ;
}
```
变量 sensorReading 是待发送的数。

14.4　安装调试与使用

14.4.1　添加设备和传感器设置

添加设备的方法和第 13 章类似，这里添加一个设备，为这个设备设置两个数值型的传

感器，分别为温度传感器和湿度传感器。

首先添加新设备，并对设备进行设置，先添加新设备，然后设置参数，如图 14-4
所示。

图 14-4　设置设备参数

接下来为设备添加传感器，并对传感器进行设置，先添加传感器，然后设置传感器参数，传感器类型选"数值传感器"，如图 14-5 所示。

编辑传感器

管理首页 > 我的设备 > 室内环境监测数据 > 编辑传感器

传感器名

⇄ 温度

标签（tags）

🏷️ 温度 x   按下回车或者Tab键输入

类型

数据型

单位/符号

| 摄氏度 | ℃ | 如:摄氏度/℃ |

☐ 数据修正公式（留空不修正）

☐ 启用数据过滤

默认显示时间段

10分钟 ▼

☐ 故障检测时间间隔

描述

不超过30个字符……

保存   取消

图 14-5   设置传感器参数

设置好的两个传感器如图 14-6 所示，从图中可以看出设备 ID 为 343552，传感器 ID 分别为 381388 和 381389。

273

设备管理
管理首页 > 我的设备 > 室内环境监测数据
暂无图片
室内环境监测数据 PUB
设备ID：343552
设备地址：http://www.yeelink.net/devices/343552
API 地址：http://api.yeelink.net/devices/343552
部署
编辑
添加传感器
输入传感器名搜索……
温度 数值型
打开图表
传感器ID：381388
地址：http://www.yeelink.net/devices/343552/#sensor_381388
API 地址：http://api.yeelink.net/v1.1/device/343552/sensor/381388/datapoints
编辑 删除 触发动作(0)
0
摄氏度 / °C
湿度 数值型
打开图表
传感器ID：381389
地址：http://www.yeelink.net/devices/343552/#sensor_381389
API 地址：http://api.yeelink.net/v1.1/device/343552/sensor/381389/datapoints
编辑 删除 触发动作(0)
0
相对湿度 / %rh

图 14-6　设置好的传感器

14.4.2　电路板装配

电路板的装配很简单，将 W5100 网络扩展板插在 Arduino UNO 控制器上，再将 DHT11 用杜邦线接在 W5100 网络扩展板上，装配就完成了，如图 14-7 所示。

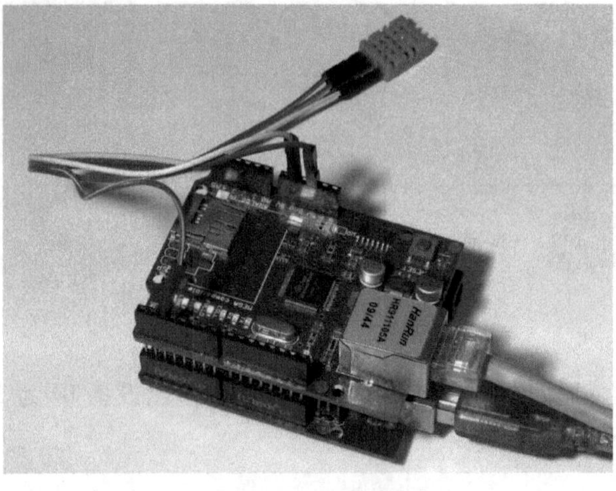

图 14-7　总装图

14. 4. 3　下载程序

打开配套光盘中的程序，换上用户自己的设备 ID 和传感器 ID，就可以下载程序了。

14. 4. 4　调试与使用

下载好程序后接上电源，插上网线，在网线连接正常后登录 yeelink 网站，进入到"用户中心→室内环境监测数据"，就可以看到如图 14-8 所示的温度和湿度参数了，单击"打开图表"图标即可看到温度和湿度的变化曲线了，如图 14-9 所示。参数下面是时间长度选择，再下面是最新传递参数的时间，因为是每隔 10 s 轮流传递一个参数，所以我们可以看到两个参数传递的时间差是 10 s。

设备管理

管理首页 > 我的设备 > 室内环境监测数据

暂无图片

室内环境监测数据 PUB
设备ID：343552
设备地址：http://www.yeelink.net/devices/343552
API 地址：http://api.yeelink.net/devices/343552

部署　　编辑

＋　添加传感器

输入传感器名搜索…… Q

温度 数据四

传感器ID：381388
地址：http://www.yeelink.net/devices/343552/#sensor_381388
API 地址：http://api.yeelink.net/v1.1/device/343552/sensor/381388/datapoints
编辑　删除　▶ 触发动作(0)

打开图表

14
摄氏度 / ℃

湿度 数据四

传感器ID：381389
地址：http://www.yeelink.net/devices/343552/#sensor_381389
API 地址：http://api.yeelink.net/v1.1/device/343552/sensor/381389/datapoints
编辑　删除　▶ 触发动作(0)

打开图表

51
相对湿度 / %rh

图 14-8　温度、湿度参数

对着 DHT11 哈几口气，改变传感器的温度和湿度。过一会我们再看网页上的参数，如果温度和温度都有了变化，说明系统工作已经正常了。

也可以用手机观察温度和湿度参数，登录 yeelink 后点击"我的 yeelink"，见到如图 14-10 所示的界面，再单击"室内环境监测数据"图标，见到如图 14-11 所示界面，单击"温度"或"湿度"图标就可以看到相应的曲线了，分别如图 14-12 和图 14-13 所示。

设备管理
管理首页 > 我的设备 > 室内环境监测数据

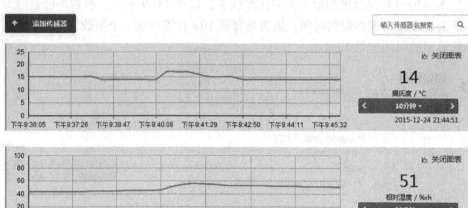

图 14-9　温度、湿度变化曲线

图 14-10　"我的 yeelink"界面

图 14-11　"室内环境监测数据"界面

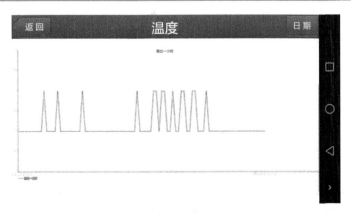

图 14-12　温度变化曲线

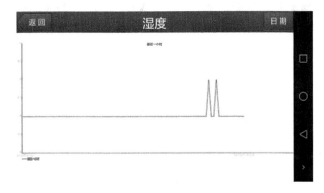

图 14-13　湿度变化曲线

参 考 文 献

［1］ 谭浩强 . C 程序设计 ［M］. 4 版 . 北京：清华大学出版社，2010.

［2］ Massimo Banzi. 爱上 Araduino ［M］. 于欣龙，郭浩赟译 . 2 版 . 北京：人民邮电出版社，2012.

［3］ 沈文，Eagle Lee，詹卫前 . AVR 单片机 C 语言开发入门向导 ［M］. 北京：清华大学出版社，2003.

［4］ 吴汉清 . 用 proteus 实现电脑和单片机串口通信的仿真 ［J］. 北京：无线电，2006（12）.

［5］ 吴汉清 . 用 Arduino 自制数字示波器 ［J］. 北京：无线电，2013（11）.

［6］ 吴汉清 . 运用物联网实现远程遥控电源开关 ［J］. 北京：无线电，2014（10）.